大学计算机专业
教学研究与课程建设

胡 威 著

科 学 出 版 社

北 京

内 容 简 介

随着我国高等教育的不断发展，专业教育受到了更多的关注。作为我国大学开设最为广泛的计算机专业，更是被关注的焦点。本书以十余年计算机专业的教师、专业负责人的角度，对计算机专业建设、核心专业课程建设、学生社团建设等多个方面进行了探索，论述了多种在专业建设中行之有效的方式方法。本书是一本从学科专业建设角度进行阐述的研究著作，对专业领域从业人员具有重要的参考价值。

本书可供从事计算机专业的教学的教师、教育工作者阅读参考。

图书在版编目（CIP）数据

大学计算机专业教学研究与课程建设/胡威著. —北京：科学出版社，2020.11

ISBN 978-7-03-062456-7

Ⅰ. ①大…　Ⅱ. ①胡…　Ⅲ. ①电子计算机－教学研究－高等学校　Ⅳ. ①TP3

中国版本图书馆 CIP 数据核字（2019）第 215148 号

责任编辑：杜　权　李亚佩 / 责任校对：高　嵘
责任印制：张　伟 / 封面设计：苏　波

科学出版社 出版
北京东黄城根北街 16 号
邮政编码：100717
http://www.sciencep.com
北京凌奇印刷有限责任公司 印刷
科学出版社发行　各地新华书店经销
*
2020 年 11 月第　一　版　开本：787×1092　1/16
2022 年　2 月第三次印刷　印张：8 1/4
字数：200 000
定价：68.00 元
（如有印装质量问题，我社负责调换）

前　　言

计算机科学与技术发展迅速，新的软硬件技术层出不穷，现代计算机系统日益呈现出整体规模增长迅速、子系统数量增长迅速、系统内外关联和交互复杂化的趋势。这就要求计算机专业的技术人才必须从整个系统的角度来进行系统级的研究与设计，同时具有综合运用计算机知识和工程实施的能力，并能够不断地进行知识、技术的更新，从而实现系统的平衡性。新的要求改变了计算机研发和工程实践的模式，社会对人才的需求也发生了巨大的变化，给计算机专业的教学带来了前所未有的挑战。国内大学的计算机专业经过多年的建设，专业课程体系已经较为完备，课程内容相对成熟，存在的主要问题是：①开展专业课程建设时，各个课程独立规划和实施，课程之间的相关性缺失，知识体系缺乏系统性；②理论性教学内容较多，实践尤其是工程性强的综合性实践较少甚至没有；③实验实践的课程内容较少，系统层面的复杂问题难以呈现和解决。因此，大学计算机专业的建设必然面对的问题就是如何改变当前的局面，形成系统性的专业内容，连贯性的课程体系，综合性的实验实践，激发学生学习的兴趣，培养学生实践的能力。

为了解决以上这些问题，许多专家和教育工作者都在探索各种教学思想和方法，其中最受关注的是计算思维和系统观培养教学思想。有研究表明，新的计算机体系结构和相关技术的出现，为解决上述问题带来了契机，同时也给大学计算机专业的建设带来了新的思路。围绕学生系统能力培养开展的计算机课程建设，成为当前计算机课程建设的重要方向。所谓系统能力，是指学习者能够对计算机系统的整体具有深入的了解，将之视为一个动态的、关联的、发展的系统，掌握计算机系统软硬件的工作机制，并能综合运用计算机知识和技术完成系统开发。面向系统能力培养的目的是培养具有计算机系统思维的人才。同时，从工程教育的观点来看，围绕系统能力培养的计算机专业建设还有待探索：①改革仍然集中于少数课程，缺少整个专业层面的整体优化，导致缺少系统能力的完整性，这就必须从大学计算机专业综合改革的角度进行探索；②核心课程体系范围过小，课程体系的整体优化不足，导致学生很难建立完整的计算机系统概念；③实验实践设计缺乏系统能力和创新能力的训练与培养，难以激发学生对计算机系统深入理解的兴趣。

从系统能力培养的目标可见，要开展面向系统能力培养的大学计算机专业建设，不能仅限于课程本身的建设，更要着眼于整个计算机专业的综合改革和持续建设。这是完成课程建设后的必然工作，是面向系统能力培养的计算机专业建设的必然趋势。本书以大学计算机专业的教学研究与课程建设为依托，以“软硬件贯穿教学”为理念，探讨以下问题：①通过知识点网络构建专业层面上的知识体系，改变既有的计算机专业整体上的知识点依附于课程、缺少关联性系统性的问题；②探讨课程群的课程体系结构，打通与系统相关的核心课程之间的关系，也打通核心课程与基础课程、扩展课程之间的关系，使得学生能够深入理解计算机系统，并掌握计算机系统的软硬件知识；③建立渐进四层次结构的实验实践项目库，形成贯通知识点的实验实践体系，实现对课程内和课程间的知识点在实验实践层面的有机结合，并通过系统性的实践，将计算机专业的理论基础与工程实践融合在一起，构建贯穿计算机专业整个学习过程的连续性实验实践训练机制；④通过面向系统能力培养的计算机专业建设改革与探索，形成完整的面向系统能力培养的计算机专业建设方案，开展针对性的专业建设。

限于作者水平，不足之处在所难免，恳请读者批评指正。

胡　威

2020年6月

目　　录

第 1 章　绪论……1
第 2 章　大学计算机专业教育的工作体系和建设特色……4
　2.1　大学计算机专业教育的工作体系……4
　2.2　大学计算机专业建设特色……6
第 3 章　大学计算机专业课程的知识点网络与知识点切分……8
　3.1　知识点网络的总体设计……8
　3.2　基于 Android 的应用开发课程的知识点切分……9
　　3.2.1　基于 Android 的应用开发课程详细教学提纲……10
　　3.2.2　基于 Android 的应用开发实验设计和安排……27
　　3.2.3　综合实验……29
　3.3　基于 Android 的系统级开发课程的知识点切分……29
第 4 章　大学计算机专业的课程群设计……58
　4.1　专业建设……58
　　4.1.1　专业建设规划……58
　　4.1.2　专业建设的设计……59
　4.2　课程整体规划……61
　4.3　课程教学方法……62
　　4.3.1　教学大纲的制订……62
　　4.3.2　教学方法、教学手段改革的措施……62
　　4.3.3　促进学生学习方式多样化方面的措施……63
第 5 章　大学计算机专业课程设计……64
　5.1　嵌入式系统课程设计……64
　　5.1.1　基于凌动处理器的嵌入式系统课程建设……64
　　5.1.2　嵌入式课程体系的优化……65
　　5.1.3　嵌入式课程教学内容更新……65
　　5.1.4　嵌入式教学实践的设计……66
　5.2　双语课程建设……67
　　5.2.1　双语教学的基本模式……67
　　5.2.2　改进的双语教学模式……68
　　5.2.3　教学与科研结合……69
　　5.2.4　双语教学师资的培养……69
　　5.2.5　双语教学方式创新……70

5.3 连续式课程建设 …… 70
5.3.1 连续式课程建设的设计 …… 71
5.3.2 连续式课程建设的实现 …… 72
5.4 一体化定制在线课程建设 …… 73
5.4.1 在线开放式研究生课程建设的特点 …… 74
5.4.2 一体化知识体系与知识点 …… 75
5.4.3 内容可定制的在线开放式课程建设 …… 75
第 6 章 大学计算机专业师资队伍建设 …… 78
6.1 师资队伍与学科建设状况分析 …… 78
6.2 教育教学水平 …… 79
6.2.1 政策措施与效果 …… 79
6.2.2 专业水平与教学能力 …… 80
6.3 教师教学投入 …… 81
6.4 计算机硬件课程师资队伍建设 …… 81
6.4.1 师资队伍建设体系设计 …… 81
6.4.2 师资队伍建设实践与分析 …… 82
6.5 教师发展与服务 …… 85
6.5.1 教师队伍建设及发展规划的措施与效果 …… 85
6.5.2 青年教师培养的措施与效果 …… 86
6.6 教学质量保障 …… 87
6.6.1 教学质量保障模式 …… 87
6.6.2 教学质量保障体系的落实 …… 87
第 7 章 大学计算机专业的实践体系建设 …… 90
7.1 实践教学建设 …… 90
7.1.1 实践教学建设思路、推进与效果 …… 90
7.1.2 开放实验室 …… 91
7.1.3 保障实习实践环节教学质量 …… 92
7.2 第二课堂实践 …… 92
7.3 浸润式教育 …… 93
第 8 章 大学计算机专业学科竞赛与社团建设 …… 97
8.1 计算机竞赛 …… 97
8.1.1 计算机竞赛的分析 …… 97
8.1.2 计算机竞赛的能力培养 …… 99
8.2 研究生竞赛 …… 101
8.2.1 学科竞赛的背景分析 …… 102
8.2.2 学科竞赛的选择 …… 102
8.2.3 学科竞赛的能力培养 …… 104
8.3 社团建设案例 …… 105

第 9 章　大学计算机专业课程的校企合作……111
9.1　校企合作的应用原则……112
9.2　校企合作的应用方式……112
参考文献……114

第1章　绪　　论

众所周知，CPU、操作系统和编译系统是计算机系统的核心基础，而围绕这些计算机核心部件的核心技术也是我国信息技术中的薄弱环节。造成这一状况的部分原因在于我国高校的计算机专业没有规模化地培养出能够深入理解并掌握这些核心技术的人才。因此，成规模地培养具备计算机系统能力的毕业生，是计算机专业高素质创新人才培养的关键标志。

计算机专业课程主要包括数字逻辑、计算机组成、操作系统和编译系统等课程。纵观计算机专业课程的教学，普遍存在以下三个基本问题。

（1）各门课程独立规划，知识冗余及衔接脱节。每门课程的教材是一个独立的知识体，强调完整性，相关知识比较全面。但是，忽略了前序课程已经讲授的知识，以及与课程间知识的相关性。前后课程知识不能有效整合与衔接，课程间的知识重复严重。这些因素一方面使得学生难以系统地理解课程知识体系，另一方面造成一定程度的课时浪费，未能提供给学生完成复杂系统开发所需要的充足时间。

（2）突出原理性、分析式教学方法，缺乏工程性、综合式教学方法。课程教学往往突出原理性知识的传授，注重是什么，有什么，而没有讲授一套有效的工程性构建方法。学生虽然知道了基本概念，却难以完成具有一定规模的实验。

（3）学习简单实验方法，缺乏开发具有工程规模系统的实践。传统实验教学中通常不会涉及较大的工程工作量，而是若干规模相对小的简单实验。虽然小规模实验可以达到让学生基本掌握系统运行原理和初步具备系统开发能力的目的，但由于缺乏足够的工程工作量，复杂系统中存在的较为深刻的问题难以暴露。因而，学生虽然经过了训练，但却因训练强度不足，不能对系统有较为深刻的认识，也就无法完成具有工程规模的系统级开发。

那么，如何来改进教学，培养出具备计算机系统设计和开发设计的高素质人才呢？贝塔朗菲的一般系统论也许能给我们一些启发。

贝塔朗菲提出的一般系统论，将系统作为研究对象，研究其功能与结构的关系。系统功能是确定的输入与输出之间的关系。系统结构是元素及其关系。贝塔朗菲给出了系统方法，即分析方法和综合方法。分析方法是给定系统输入和结构来确定系统输出的方法。综合方法是给定系统功能来构建系统结构的方法。

根据贝塔朗菲的一般系统论，传统 CPU 设计教学主要采用分析式方法，即给定 CPU 结构和输入，探寻输出。CPU 设计主要是图方法，即在一张图上直接构造指令对应的 CPU 结构。该方法简单直观，适用于少数指令的演示性教学需求。但因为增加新指令需重构设计图而带来错误、修改困难等诸多弊端，所以学生难以采用该方法完成几十条指令的 CPU 开发。

因此，本书提出在计算机专业教育中加强系统能力培养的理念。系统能力主要包括系统分析能力、系统设计能力和系统验证能力。系统分析能力就是给定系统结构和输入，分析系统输出的能力；系统设计能力就是给定系统输入和输出，综合设计系统结构的能力；系统验证能力就是给定系统结构，验证系统结构与功能符合的能力。

以 CPU 设计为例，系统分析能力是给定 CPU 结构和典型输入，能够分析出确定的输出的能力；系统设计能力是给定指令集，综合设计出 CPU 结构的能力；系统验证能力是给定 CPU 结构，验证 CPU 结构符合指令功能的能力。

从教学方法上，系统能力要求主要包括遵循工业标准、实践工程规模、探究工程方法三个准则[1-3]。

（1）遵循工业标准准则。计算机产业几十年的快速发展得益于整个产业建立在“工业标准”之上。工业标准是大量科学与技术人员在对一类事物进行大量实践后，形成对科学、技术和实践经验的总结，是对构成系统的功能、性能、成本等诸要素进行综合权衡与取舍的产物。工业标准从一个侧面折射出计算机系统构造的精髓——平衡性。由此认为，对于以学习知识为主要目的的低年级本科生而言，学习和实践工业标准，不仅有助于其更快更好地领悟系统构造的原理与精髓，而且在掌握构造符合工业标准计算机系统的系统能力后，有助于其今后更快速进入产业。

（2）实践工程规模准则。只有当所研究的对象达到了一定规模和复杂度后，才能凸显该类事物所共有的内在基础性、共性问题。传统实验教学中通常不会涉及较大的工程工作量，而是若干规模相对小的简单实验。以 CPU 开发为例，目前国内相当多大学的实验规模为十余条指令，这意味着所开发的 CPU 仅仅能运行简单的程序，而无法满足操作系统的运行，也无法满足复杂应用的运行。因此，仅要求学生开发的 CPU 指令集规模在十余条，不仅难以达到充分训练的目的，而且也无法满足后续开发操作系统和编译器的需求，从而致使整个教学目标无法达到。有鉴于此，本书认为所开发的 CPU、操作系统和编译器均必须达到一定的规模，即从工程实现的角度确保：①所开发的 CPU 必须支持足够的指令以满足操作系统运行及常规定点程序的需求；②所开发的操作系统必须提供足够的系统调用以满足应用程序的运行；③所开发的编译器必须能够处理足够的语法以满足编写复杂应用的需求。

（3）探究工程方法准则。提出了工程规模这一准则后，随即面临新的挑战，即如何让大多数普通学生都能开发完成具有足够工程规模的系统呢？以 CPU 开发为例，国内开展系统能力培养的大学中只能有少数优秀学生可以开发指令集规模达到数十条的 CPU，而大多数普通学生难以达成该目标。

教育的要义在于让优质的教育普惠于民，即让大多数学生都能成才。如果不能破解这一教学困境，那么意味着系统能力培养仅仅在少数国内顶尖学校的顶尖学生中开展，而无法惠及国内更多大学和更多大学生。

为此，本书认为需要研究一种能够有效降低系统开发复杂度的方法，即将大规模系统的一次性复杂开发过程，分解为有重复性的但难度极大降低的子系统综合环节与工程化地将子系统综合成系统的系统综合环节，从而将全系统复杂度较好地控制在子系统复杂度上。

第 2 章　大学计算机专业教育的工作体系和建设特色

2.1　大学计算机专业教育的工作体系

大学计算机专业围绕人才培养应建立的工作体系主要包括以下几方面。

（1）面向本专业特点制定教学方案。将教学计划、课程设置、培养方案等作为一个整体的教学方案来考虑，以确保人才培养的质量[4-6]。大学本科教育既要包含基础教育的部分，培养学生具有宽厚的人文和自然科学基础，又要具有对专业知识的深度和广度，把握本专业的实质。因此，在国家、省和学校政策方针的指导下，以既有的通识教育框架为基础，进行延伸设计，保证通识教育的效果。针对专业的特点，充分调动专任教师的积极性，调研国内外同类专业的教学方案，取长补短；打破专业局限，从学科的角度研究本科教学的基础与共性，再进一步构建基于专业方向的课程体系，构建具有特色的专业教学方案。

（2）整合优化，建立面向系统化的课程群[7-10]，改变专业课程独立设置的传统方式，通过专业特点和整体培养方案分析课程之间的关系，建立课程之间的联系；从课程联系的角度，对教学课程体系进行整合和优化，建立具有紧密的内在联系的课程群，形成更为合理的课程体系。

（3）融会贯通，构建理论、实践、创新三位一体的教学资源配置方案。分析学生的综合能力合理构成，以理论为基础，以实践为扩展，以创新为动力，将三者结合起来，建立理论、实践、创新共同构成的稳态结构；以此为基础进行教学资源配置，实现面向综合能力培养的资源优化配置[11-14]。

（4）协同共享，建立内在和外延共同起作用的优质教学资源。开展多门关联课程的内在建设，形成多门优质课程及其优质教学资源；通过资源的开放共享获得具有针对性的反馈，并获取来自多方面的经验，进行改进和提升；以内在建设和外在改进共同建立与专业建设和人才培养目标相适应的优质教学资源[15-19]。

（5）优势联合，开展本专业的校企共建工作。在本专业自身优势基础上，充分发挥合作企业优势，让企业的精英参与到专业人才培养方案和专业教学计划的制定工作当中，以企业所具有的技术和实践优势为专业建设出谋划策，提供坚实的基础；并以此为依托，共同开展课程开发与建设，形成具有优势联合、基础扎实、携手并进的专业建设与课程建设路线[20-24]。

在实际的工作体系中，大学计算机专业可以采用多种方法保障以人才培养为中心开展工作[25-29]，主要包括以下几方面。

（1）责任明确，以教学为中心实行分级责任制。为保证教学质量，以专业教学要求为基础，根据专业的特点制定以教学为中心的分级责任制，按照学院、系（专业）、课程组/课程建立逐级的责任体系，学院领导、系领导、课程组负责人、专业教师等均承担相应的教学责任。学院领导从全院的专业教学、学科交叉等角度，为全院的教学工作开展担负责任；系领导为专业教学担负责任；课程组负责人对本课程整体教学担负责任；专业教师对所任课程和学生担负责任。所有教师，包括领导、任课教师、实验技术人员等，均要深入课堂听课，进行观摩。其中，对于学院领导、系领导具有严格要求，每学期至少听课三次，并提交相应的听课记录表，针对所听课程提出具体的建议和意见。各系（专业）要针对性地开展教学讨论，深入教学计划、教学大纲、教学内容、教学方式方法、具体课程的授课等多个方面进行研讨，以改进教学质量。

（2）兼总条贯，循序渐进，层次化渐进的教学。建立起层次化的教学目标，根据软硬件融会贯通的观点，对教学内容的安排遵循由浅到深、逐步递进、模块分解、全面综合的方式。通过循序渐进的方式，学生能够逐渐掌握整个专业知识内容的整体框架，具备扎实的基础。专题培训是以课堂教学内容为基础，将各种不同主题进行深入的分析，使得学生能够进一步了解系统化的专业知识。由于专业内涵丰富，需要大量的课时投入，可采用课堂教学与课外教学相结合的方式，一方面在课堂上准备基础内容和实验，使学生掌握基本的理论，具备基本的实践能力；另一方面在课堂外准备丰富的内容，使学生在课堂学习的基础上，进一步加深对专业内容的理解，提高其开发能力。

（3）客观科学、注重实践，注重教学过程和结果。以信息化为支持，可借助多媒体数字化等教学辅助工具开展教学工作。教学课件可由课程组中具有多年教学经验、在相关领域内具有扎实基础的教师制作，并通过课程组的评阅、讨论和完善，为开展高质量的教学提供支持。学习结果的考核综合考虑理论、实践两个方面，并将学生的创新能力也作为重要的考核因素，形成科学的考核方法。学生的最终成绩一般构成如下：理论成绩 30%，平时实验 30%，综合实验 20%，课堂讨论 20%。对于积极参加科研和课外实践的同学，其项目完成，并经过相关课程组综合评议为优秀的，给予适当的加分。通过上述考核方式，学生不再单纯地关注书面的考试，而是将理论、实践、交流等综合在一起，从而学生可以主动地思考，积极地创新。为了对教学效果进行有效的跟踪，可采用以下方法。各个课程组首先在课程过程中对学生在讨论交流中暴露出的问题进行分析，找出其本质所在，进而反馈到教学中；在课程结束后，各个课程组即时访谈调查；在课程结束后6个月，再次进行访谈调查；对毕业后的学生也进行必要的追踪调查。通过长期的教学效果跟踪，对于改善课程设置，提高教学水平起到了良好的作用。

（4）独立思考，创新思维，支持与鼓励学生参与科研项目。以已有的科研项目为基础，将课题中适当部分抽取出来，进行重塑，形成微课题。以科研骨干教师为基础，形成导师组；再组织课题组中的优秀研究生形成学长组[30-31]。由导师组整体指导学生参与科研，开展微课题的研究与创新；同时由学长组进行一对一的辅助指导，使每个学生都能获得足够的帮助。通过科研项目的参与，学生能够加深对课堂上所学理论的理解，锻炼其动手能力；同时学生也能切身体会到科研的内在含义，培养良好的科研素质，初步具备创新的能力。在学生对专业知识有一定的了解并具备了相应的开发能力后，鼓励学生通过观察、思考、验证，提出自己的想法。对于经过认可的想法，学校要支持学生进行立项，并为学生的项目提供设备、资金和技术的支持。通过这种方式，能极大地激发学生的积极性，培养学生的创新思维和创新能力。

2.2 大学计算机专业建设特色

大学计算机专业教学应具有以下建设特色。

（1）面向互联网＋时代的IT人才培养，要求计算机专业的毕业生具备扎实的专业基础、先进的技术知识、全面的综合素养。而传统的实践基地主要以学生机房为载体，途径单一，难以满足高素质人才的实践需求。大学计算机专业教学应依托计算机专业的学科优势，发挥学科支撑与引领作用，深挖专业的资源潜力，建立以虚拟仿真实验教学中心和计算机实验教学示范中心为核心的实践基地集群。这种知识先进、形态多样的实践基地集群，可以为学生提供丰富的实践载体，有利于夯实学生的专业基础。同时，学生可以根据个人兴趣选择实践基地，开展相关主题实践。

（2）围绕强专业基础、重工程应用和具备国际竞争力的三位一体的人才培养目标，建立多层次教学体系，适应社会对多样化应用型人才的需求。为了实现人才培养效果的最大化，计算机专业应以“因材施教、个性化培养”为改革理念，借鉴国内外一流大学计算机专业的教学体系，构建多层次教学体系。对于大学一年级和二年级学生，强调专业基础教育。通过程序设计、计算机系统能力等课程群的设置，强化学生的专业基础知识。围绕程序设计能力培养的需求，可开发国际计算机协会（Association for Computing Machinery，ACM）程序设计在线评测系统。同时开展小班教学，为每位学生配备专业导师，改革教学内容，优化教学方法，激发学生的学习兴趣和热情，提升学生分析和解决问题的能力。对于大学三年级学生，注重应用能力的培养。以课外科技活动为支撑，以校企合作为保障，培养应用型人才。依据专业教师的应用型科研，契合主流开发技术，设置以移动互联网、虚拟仿真、物联网、云计算和大数据为代表的与社会需求紧密联系的应用型课题。学生可以根据自身特点选择不同课题，实现个性化培养的效果。为了让学生将所学知识与企业接轨，聘请企业导师对学生进行联合培养，并开展暑期学校、企业课堂等实践类活动。对于大学四年级学生，要注重国际竞争力的提升。在中国加入《华盛顿协议》的大背景下，计算机专业的学生参与国际竞争已经成为必然。为了拓宽学生的全球化视野，培养学生的综合竞争能力，可以聘请国外名师共同培养学生，还可以与国外学校开展互派交换生、暑期文化交流等活动。

（3）健全学生课外科技活动和创新创业活动社团，扩大课外科技活动和创新创业活动受众，引领学生的创新创业文化。针对本科生实践能力不足的问题，大力推进课外科技活动和大学生学科竞赛，可以指导学生建立程序设计竞赛俱乐部、微软俱乐部、嵌入式协会、游戏开发俱乐部等课外科技活动社团。采用“以赛代练，以练代学”的教学方法，积极支持和组织学生参与国内外竞赛，通过参与竞赛来提升和完善学生的实践能力。

第 3 章　大学计算机专业课程的知识点网络与知识点切分

3.1　知识点网络的总体设计

以系统能力培养为中心，按照大学计算机专业学科的建设要求，结合企业对计算机人才的需求特点，与相关企业的资深专业人员一起，对人才培养方案和专业教学计划进行修订和优化。

以往大学计算机专业专业课程是单独设置的，缺乏整体性、系统性设计。本章以系统能力培养为中心，构建理论、实践、创新三位一体的教学资源配置方案[32]。根据教学与社会需要进行课程设计与建设。

传统实验课程以验证性实验为主，缺乏对学生综合应用的能力培养。为此，本章建立设计型、创新型的实验模式。学校应鼓励青年教师到企业实践，同时引进企业精英或有企业实践背景的教师参与实践教学环节，结合企业的技术需求和技术难点，培养学生的实践动手能力。

以系统能力培养为中心，建立渐进式、层次化课程结构，设计针对不同学生群体的多级目标，实现不断完善的渐进过程，实现面向系统能力培养的资源优化配置。

（1）构建关联性教学资源结构，优化改革教学内容[33]，紧密结合计算机技术的发展现状，不断更新所授课程的教学内容，优化整合专业模块。精选传统基础内容，补充前沿技术，改革课程内容，充分反映计算机科学技术和信息科技发展的最新成果。充分考虑自身的专业发展特点和培养人才的基本素质、知识结构和能力结构的要求，优化改革教学内容，保证各门课程内容相对独立，保证培养方案的整体质量和水平。将整个专业的知识内容合理划分为不同的知识点，不同知识点之间通过其相关关系来进行连接，从而构建具有高度关联性的知识点网络，通过知识点网络从教学内容上贯通专业课程；以知识点网络为基础，建立起基础稳定、动态可调整的知识内容结构，并由此建立具有关联性的教学资源结构。进行教学资源的整合和优化，实现并开放大规模在线教学平台，提供虚拟化在线实验环境，开放学生课外兴趣实验室，为学生建立个性化的学习环境。

（2）实时互动，良性沟通，激发学习兴趣。在教学过程中，除正常的教师授课外，还可采用课堂讨论的方式，进行交互式的交流和探讨，提高学生的学习兴趣，使学生积极地思考。同时，通过交互式的教学，还可提高学生的自学能力和表达能力。专业知识的学习既需要理论的理解和掌握，又需要实践的训练以提高开发能力。为此通过建立导师组和学长组，为学生提供良好的学习支持，从而使得每个学生都有足够的时间与指导者进行面对面的交流，提高学生的学习积极性，并激发学生的学习潜力。同时，组织相关课题组的负责人为学生开展相关的技术讲座，从实际课题的角度为学生进行分析和讲解，激发学生的学习兴趣，推动他们对课堂内容的理解；组织优秀的研究生和已就业的学生开展面对面的交流活动，通过这些研究生和就业学生的切身体会，来为在校学生提供了解专业技术及其发展的渠道。

（3）完善多层次实验教学体系，促进学生能力提升。坚持以计算机理论教学为基础，以培养学生的设计和创新能力为目的，将理论教学与实验教学有机结合，根据专业细分方向的发展及学生在不同学习阶段的知识掌握程度，完善多层次实验教学体系，即计算机基础实验、设计与综合型实验、研究创新型实验、课外创新活动的多层次实验教学体系。实践中心是培养学生能力的重要平台，通过多层次实验教学体系，逐步提高学生的实践和创新能力。

下面以基于 Android 的应用开发课程和基于 Android 的系统级开发课程为例，介绍大学计算机专业课程的知识点网络与知识点切分。

3.2　基于 Android 的应用开发课程的知识点切分

随着 5G 及无线宽带网络的发展，移动互联从局域互联时代推广到宽带移动互联时代，网络带宽已经不再成为移动通信的瓶颈，移动接入无处不在[35-39]。宽带移动互联与传统的移动互联有着巨大的差异，其核心是移动接入终端类型更为丰富，以智能手机为代表的嵌入式手持设备正在成为网络接入的主要设备。因此，也对移动接入端的软件产生了新的要求，尤其是系统软件方面，日益体现出智能、开放的特点；而应用软件则体现出个性化定制的特点[40-42]。操作系统作为系统软件中最为核心的部分，是移动软件领域的基础平台，在硬件资源管理、用户接口、能耗管理、应用管理等方面均需要提供良好的支持。同时，也需要相关的完整开发工具链来进行应用的开发。

Android 是一种开源的基于 Linux 的操作系统及软件平台，是由 Google 开发、维护的。Android 不仅提供了一个开放开源的嵌入式操作系统，更为重要的是它还提供了相应的开发环境，为移动应用的开发提供了良好的支持。由于 Android 具有较大的优势，在短短的几年时间内，Android 在智能手机、平板电脑等移动终端上发展迅速。尤其是在最为重要的智能手机领域，已成为市场上排名第一的系统。由此可见，Android 是移动计算领域的核心关键平台之一，未来必将得到更大的发展。

作为移动计算领域的基础平台，Android 同样也为在其上的应用开发提供了良好的支持。以 Android 为基本平台，以 Android 应用开发框架为基础，培养大量的 Android 应用开发人才是保证 Android 进一步发展的必然趋势。基于 Android 的应用开发课程应以 Android 人才培养为根本目标，将 Google 对 Android 的发展预期与 Android 自身的特点结合起来，以 Android 的发展方向为指导，以 Android 平台的基本系统特征为基础，以基于 Android 应用开发为导向，从师资队伍、教学模式、教学内容、教学方式方法、实践教学方法、教学经验交流、学生素质培养等多方面开展课程建设工作，为 Android 的系统和应用开发培养出大量的优秀人才。

3.2.1 基于 Android 的应用开发课程详细教学提纲

第 1 章 Android 平台概述

本章是 Android 平台概述。主要概述 Android 的基本内容，包括 Android 的发展历程，Android 的特点，开放手机联盟与 Android，以及 Android Market 的概念与应用。

1.1 Android 的发展历程

随着无线宽带网络的不断发展，移动终端对系统软件和应用软件的要求和需求都发生了较大的变化。Android 就是针对新型应用环境所提供的面向移动终端的系统软件。了解 Android 的发展历程是把握 Android 系统进化、掌握 Android 开发技术和分析 Android 未来发展的必要内容。

1.1.1 Android 的历史

Android 是由 Google 在 Linux 的基础上开发出的面向移动终端的系统软件平台，在其开发过程中经历了多次的版本变迁。每次新的版本都根据移动宽带网络和移动终端的发展提供新的特性。

1.1.2 Android 的现状

Android 正式推向市场的时间不长，但是由于 Android 开源开放、提供良好的应用开发支持，已成为智能移动终端领域的主流系统软件，并不断地将其应用领域扩展到多种嵌入式设备上。

1.1.3 Android 的未来

随着相关技术的不断发展，Android 也在经历着变化，并不断地进步。未来 Android

也必将保持现有的发展势头，不断扩大其优势。本小节介绍 Google 和业界对 Android 未来的一些预期。

1.2 Android 系统

与传统的移动终端系统软件相比，Android 具备了其独特的特点，这既是 Android 的优势，也是 Android 得以快速发展的重要原因。

1.2.1 Android 系统的主要特点

Android 是开源开放的系统，既提供了基本的系统服务，也提供了面向移动设备的软件支撑服务，同时也具有完整的应用开发支持，构成了一个完成的平台。Android 具备了多层面的服务支持，应用领域广泛。

1.2.2 Android 与其他相关平台的比较

Android 不是移动领域唯一的系统软件平台。而 Android 之所以能够取得领先地位，与其比较优势是分不开的。本小节对比 Android 和其他主要平台，并通过展示基于 Android 的应用来进行实际的比较。

1.3 开放手机联盟

为了更好地发展和推广 Android，Google 于 2007 年联合多家公司建立了一个全球性的联盟组织，即开放手机联盟。成员达到了数十家，包括业界领先的手机制造厂商、手机芯片厂商和电信运营商等，共同发展 Android。

1.3.1 开放手机联盟的组建

在 2007 年 11 月，由 Google 牵头， 84 个联盟成员共同宣布成立开放手机联盟。开放手机联盟在当月发布了第一版的 Android SDK，随后 Android 进入了快速发展阶段。

1.3.2 开放手机联盟的作用

开放手机联盟包括移动产业链上不同层面的厂商和相关研发机构，构成了 Android 强大的技术和服务联盟。通过开放手机联盟，Android 的版本不断发展，技术特性不断得到增强，市场份额不断扩大。

1.4 Android Market

Android Market 是 Google 为基于 Android 的移动设备提供的在线应用程序商店。

Android Market 在大部分 Android 手机上都已经预装，Android 用户可以使用 Android Market 浏览和下载第三方程序开发者发布的 Android 应用程序。目前 Android Market 拥有超过十万款应用程序。

1.4.1 Android Market 的概念

Android Market 是 Google 提供的 Android 在线应用程序商店。通过 Android Market，第三方程序开发者（包括企业和个人）可以将开发出的 Android 应用程序提供给用户，并获取收益；而用户能够通过 Android Market 获得丰富的应用程序。

1.4.2 Android Market 的使用

Android Market 的使用包括两个方面。一方面是用户下载，通过设备中预装的 Android Market 界面进入、浏览和下载。另一方面是程序员通过 Android Market 上传 Android 程序，这需要获得开发账号，并按要求使用。

第 2 章 Android 的基本框架和组件

本章介绍 Android 的基本框架和组件。首先介绍 Android 的基本框架，包括 Android 系统架构、Linux 内核、Dalvik 虚拟机、Android 运行时、Android 系统库和 Android 应用程序框架；其次介绍 Android 的进程与线程，包括 Android 进程和 Android 线程模型；再次介绍 Android SDK，包括 Android SDK 概述和 Android SDK 具体内容；最后介绍 Android 基本组件，包括 Android 应用程序结构和 Android 基本组件。

2.1 Android 基本框架

Android 是以 Linux 为核心的嵌入式系统软件平台，根据 Google 对 Android 的设计，将之分成了不同的层次。Android 在不同的层次上提供相应的各项服务。

2.1.1 Android 系统架构

Android 提供一个分层的环境，自顶至下分为 Android 应用程序层、Android 应用程序框架层、系统库层、Android 运行时库、Linux 内核层等五个层次。Android 系统架构旨在使学习者了解 Android 的基本构成。

2.1.2 Linux 内核

Android 的系统核心是基于 Linux 内核开发。在 Linux 内核基础上，Google 针对移动领域的应用特点进行扩展和修改。

2.1.3　Android运行时

Android运行时（Android runtime）提供核心链接库（Core Libraries）和Dalvik VM虚拟系统（Dalvik virtual machine），采用Java开发的应用程序编译成apk程序代码后，交给Android操作环境来执行。

Dalvik虚拟机是Google的Java实现，专门针对移动设备进行了优化。为Android编写的所有代码使用的都是Java语言，这些代码都在虚拟机中运行。

2.1.4　Android系统库

Android系统库是应用程序框架的支撑，是连接Android应用程序框架层与Linux内核层的重要纽带。Android系统库的核心内容是为Android的各项服务提供支持。

2.1.5　Android应用程序框架

Android应用程序框架是Android开发的基础，很多核心应用程序也是通过Android应用程序框架来实现其核心功能的。Android应用程序框架层简化了组件的重用，为上层应用的开发提供了组件，也可以通过继承而实现个性化的拓展。

2.2　Android进程与线程

Android使用了进程与线程。通过对进程和线程的使用，Android能够更好地进行资源管理、任务调度等核心工作。

2.2.1　Android进程

本小节主要介绍Android进程在Android系统中的实现方式，Android进程的生命周期，Android进程与Linux进程的关系，以及Android进程与Android线程之间的关系。

2.2.2　Android线程模型

本小节主要介绍Android线程模型，Android主线程的概念和基本内容，Android线程的创建、生命周期，Android多线程的实现，多线程与主线程之间的关系，线程的安全问题等。

2.3　Android SDK

Android SDK是进行Android应用开发的必要内容。本节主要介绍Android SDK的基本概念、Android SDK包含的内容。

2.3.1　Android SDK 概述

Android SDK 提供了在不同平台上进行 Android 应用开发的组件。本小节介绍 Android SDK 的基本概念和如何获取 SDK 包，从而使开发者能够对 Android SDK 有初步的基本了解。

2.3.2　Android SDK 内容

本小节介绍 Android SDK 为开发者提供的内容，包括 Android SDK 的主要目录结构、SDK 所提供的工具、SDK 相关的文档及其使用方法等。

2.4　Android 基本组件

本节主要介绍 Android 中使用的基本组件。Android 的各个应用之间相互独立，运行在自己的进程当中。根据完成的功能不同，Android 划分出了基本的组件，来构成 Android 应用程序的基本结构。

2.4.1　Android 应用程序结构

本小节介绍 Android 应用程序的基本结构，Android 应用程序包括 Activity、Service、Broadcast Intent Receiver 和 Content Provider。

2.4.2　Android 基本组件

本小节介绍 Android 基本组件，以及不同组件的作用及其基本使用方法。不同的基本组件在 Android 应用程序中提供不同的功能，组件之间的协同和合作来完成 Android 应用程序的功能。

第 3 章　Android 开发环境

本章介绍 Android 开发环境。首先介绍 Android 开发准备；其次分别介绍 Windows、Linux 和 Mac 下的开发环境搭建，包括 JDK 的安装和配置、Eclipse 的安装和配置、Android SDK/ADT 的安装和配置。

3.1　Android 开发准备

本节主要介绍开发者进行 Android 开发时，对所需开发环境的要求；同时介绍 Android 的软件开发包及其获取方法，以及一些进行开发环境搭建和从事 Android 开发的相关注意事项。

3.2　Windows 开发环境搭建

本节介绍 Windows 平台下基于 Java 的开发环境的搭建，包括 JDK 安装、Eclipse 安装和 Android SDK/ADT 安装的方法及其基本使用方法。

3.2.1　JDK 的安装和配置

本小节主要介绍在 Windows 平台上安装 JRE 和 JDK 的方法，以及如何通过官方网站下载和安装。

3.2.2　Eclipse 的安装和配置

本小节主要介绍开发工具 Eclipse 在 Windows 平台上的下载、安装，以及 Eclipse 下载、安装过程的详细向导。

3.2.3　Android SDK/ADT 的安装和配置

本小节主要介绍 Windows 平台上的 SDK 和 ADT 的下载、安装，以及 SDK 和 ADT 下载、安装过程的详细向导。并介绍如何进行开发环境的验证、虚拟设备的创建等必要的工作。

3.3　Linux 开发环境搭建

本节介绍 Linux 平台下基于 Java 的开发环境的搭建，包括 JDK 安装、Eclipse 安装和 Android 安装的方法及其基本使用方法。

3.3.1　JDK 的安装和配置

本小节主要介绍在 Linux 平台上安装 JRE 和 JDK 的方法，以及如何通过官方网站下载和安装。

3.3.2　Eclipse 的安装和配置

本小节主要介绍开发工具 Eclipse 在 Linux 平台上的下载、安装，以及 Eclipse 下载、安装过程的详细向导。

3.3.3　Android SDK/ADT 的安装和配置

本小节主要介绍 Linux 平台上的 SDK 和 ADT 的下载、安装，以及 SDK 和 ADT 下载、安装过程的详细向导。并介绍如何进行开发环境的验证、虚拟设备的创建等必要的工作。

3.4 Mac 开发环境搭建

本节介绍 Mac 平台下基于 Java 的开发环境的搭建，包括 JDK 安装、Eclipse 安装和 Android SDK/ADT 安装的方法及其基本使用方法。

3.4.1 JDK 的安装和配置

本小节主要介绍在 Mac 平台上安装 JRE 和 JDK 的方法，以及如何通过官方网站下载和安装。

3.4.2 Eclipse 的安装和配置

本小节主要介绍开发工具 Eclipse 在 Mac 平台上的下载、安装，以及 Eclipse 下载、安装过程的详细向导。

3.4.3 SDK 和 ADT 的安装和配置

本小节主要介绍 Mac 平台上的 SDK 和 ADT 的下载、安装，以及 SDK 和 ADT 下载、安装过程的详细向导。并介绍如何进行开发环境的验证、虚拟设备的创建等必要的工作。

注：在上述各平台上搭建开发环境时，需注意 Android SDK 面向不同平台的版本。

第 4 章　Android 应用界面设计

本章介绍 Android 应用界面设计。首先介绍 Android 界面设计的基本方法；其次介绍 Android 基础窗口界面设计，包括基本的窗口布局、按钮组件、图像按钮、单选菜单、复选菜单、对话窗口等；再次介绍 Android 高级窗口界面设计，包括条列式菜单、可延展式菜单、图例菜单、文字编辑窗口、运行进度等；最后通过实例来进行说明。

4.1 Android 界面设计的基本方法

UI 是 Android 应用程序的重要组成部分，也是 Android 应用程序开发的必要组成。本节介绍 Android UI 设计中的布局文件、UI 预览，并介绍 UI 设计所使用的视图组件、视图容器组件等。

4.2 Android 基础窗口界面设计

Android 应用程序的人机交互是由很多 Android 控件所组成的，本节介绍 Android 基础窗口界面设计，主要包括基本的窗口布局、按钮组件设计、图像按钮设计、单选菜单设计、复选菜单设计和对话窗口设计。

4.2.1　窗口布局

本小节介绍 Android 应用程序的窗口布局方法，通过实例来进行窗口布局的讲解和演示。

4.2.2　按钮组件设计

本小节介绍 Android 应用程序的按钮组件设计方法，通过实例来进行按钮组件设计的讲解和演示。

4.2.3　图像按钮设计

本小节介绍 Android 应用程序的图像按钮设计方法，通过实例来进行图像按钮设计的讲解和演示。

4.2.4　单选菜单设计

本小节介绍 Android 应用程序的单选菜单设计方法，通过实例来进行单选菜单设计的讲解和演示。

4.2.5　复选菜单设计

本小节介绍 Android 应用程序的复选菜单设计方法，通过实例来进行复选菜单设计的讲解和演示。

4.2.6　对话窗口设计

本小节介绍 Android 应用程序的对话窗口设计方法，通过实例来进行对话窗口设计的讲解和演示。

4.3　Android 高级窗口界面设计

在 Android 基础窗口界面设计的基础上，本节介绍更为复杂的高级窗口界面设计，主要包括条列式菜单设计、可延展式菜单设计、图例菜单设计、文字编辑窗口设计、运行进度设计与显示和布景主题程序设计。

4.3.1　条列式菜单设计

本小节介绍 Android 应用程序的条列式菜单设计方法，通过实例来进行条列式菜单设计的讲解和演示。

4.3.2　可延展式菜单设计

本小节介绍 Android 应用程序的可延展式菜单设计方法，通过实例来进行可延展式菜单设计的讲解和演示。

4.3.3　图例菜单设计

本小节介绍 Android 应用程序的图例菜单设计方法，通过实例来进行图例菜单设计的讲解和演示。

4.3.4　文字编辑窗口设计

本小节介绍 Android 应用程序的文字编辑窗口设计方法，通过实例来进行文字编辑窗口设计的讲解和演示。

4.3.5　运行进度设计与显示

本小节介绍 Android 应用程序的运行进度设计与显示方法，通过实例来进行运行进度设计与显示的讲解和演示。

4.3.6　布景主题程序设计

本小节介绍 Android 应用程序的布景主题程序设计方法，通过实例来进行布景主题程序设计的讲解和演示。

4.4　Android 窗口界面设计实例

本节提供一个具体的编码实例来介绍 Android 窗口界面设计的方法、控件的选择和取舍、各控件的布局和使用、风格的设计和实现等。

第 5 章　Activity 的使用

本章介绍 Activity 的使用。首先介绍什么是 Activity；其次介绍 Activity 的 lifecycle；再次介绍 Activity 的创建与使用，包括 Activity 的创建、Activity 信息的保存与恢复；最后介绍多个 Activity 的使用，包括多个 Activity 的创建和如何在 Activity 之间传递数据。

5.1　Activity 简介

Activity 是 Android 最为重要的组件之一，它为 Android 应用程序提供了可视化的用户界面。本节介绍 Activity 的基本概念，Activity 在 Android 应用程序中的作用，Activity 与其他开发要素之间的关系等。

5.2　Activity 的 lifecycle

在 Android 中，Activity 的生命周期交给系统统一管理。它具有不同的状态，运行时在不同的状态之间转化。本节介绍 Activity 的生命周期相关的概念、定义和方法。

5.3　Activity 的创建与使用

Activity 是使用频率最高的组件之一，Android 应用程序通常由多个 Activity 组成。本节介绍在进行 Android 应用程序开发时，创建 Activity 的方法和使用 Activity 的方法，并通过具体的代码来展示其过程。

5.3.1　Activity 的创建

Activity 提供了 Android 应用程序与用户交互的可视化界面，而 Activity 的创建则是通过继承来实现的。本小节介绍 Activity 创建的具体方法，并通过实例中的代码来展示具体的创建过程。

5.3.2　Activity 信息的保存与恢复

Activity 的信息可能由于系统原因而被破坏，需要进行保存和恢复。本小节介绍在开发 Android 应用程序时，对 Activity 的信息进行保存和恢复的方法，并通过实例中的代码来展示具体的过程。

5.4　多个 Activity

在 Android 中经常会使用多个 Activity，通过在多个 Activity 之间的跳转来实现相应的处理目标。本节介绍创建和使用多个 Activity 的方法。

5.4.1　多个 Activity 的创建

多个 Activity 是实现程序多个功能的方法。本小节介绍在开发 Android 应用程序时，多个 Activity 的创建方法，多个 Activity 之间的关系，运行时状态的变化等内容，并通过具体的代码来展示其过程。

5.4.2　在 Activity 之间传递数据

多个 Activity 之间交互以合作完成程序相关的功能，就需要在多个 Activity 之间进行数据的传递。本小节主要介绍多个 Activity 之间进行数据传递的方法和途径，并通过实例中的代码来展示具体的过程。

第 6 章　Android Service 组件

本章介绍 Android Service 组件。首先介绍什么是 Service；其次介绍 Service 创建与使用，包括 Service 创建、Service 启动和停止、Service 绑定；再次介绍远程 Service，包括如何定义远程 Service 接口，如何公开远程 Service 接口，如何进行 Service 绑定，Service 的启动及 Service 的生命周期；最后会提供过一个 Service 实例。

6.1　Service 简介

本节介绍 Service 的基本概念和属性。Service 在后台运行，没有可视化的界面，执行定时的处理，通过其他的程序组件来进行控制。通过本节内容，向开发者提供 Service 的基本信息。

6.2　Service 创建与使用

Service 是后台运行的，因此它由其他组件控制。本节介绍 Service 的创建方法，并介绍 Service 的启动和停止及 Service 的绑定。

6.2.1　Service 创建

本小节介绍新的 Service 的创建方法，创建过程中需要用到的基类、需要重写的方法等，通过实例中的代码来展示具体创建过程。

6.2.2　Service 启动和停止

启动服务使用 startService，也可以通过服务注册来隐式地制定需要启动的服务，或者显式地进行启动。本小节介绍 Service 启动和停止的方法。然后通过实例中的代码来展示具体的过程。

6.2.3　Service 绑定

Service 与 Activity 之间可以进行绑定，绑定可以获得更加细致的用户界面。本小节介绍 Service 和 Activity 绑定的具体方法，并通过实例中的代码来展示具体的绑定过程。

6.3　远程 Service

Android 应用程序的进程之间需要进行交互，Android 提供远程 Service 来完成进程之间的通信。本节主要介绍远程 Service 的接口定义、绑定、启动和生命周期等。

6.3.1　定义远程 Service 接口

本小节介绍远程 Service 接口的定义，包括其具体的定义方法。Android 提供接口定义语言来生成进程之间互相访问的代码，并通过具体的代码来展示其过程。

6.3.2　公开远程 Service 接口

本小节介绍在完成远程 Service 接口定义后，将定义好的接口进行公开即暴露给客户端的方法，并通过具体的代码来展示公开方法。

6.3.3　Service 绑定

远程 Service 也可以与 Activity 进行绑定。本小节介绍定义 Activity 并与 Service 进行绑定的方法，并通过具体的代码来展示其过程。

6.3.4　Service 的生命周期

本小节介绍 Service 的生命周期。在 Android 应用程序的创建、运行和结束过程中，Service 的状态及使得 Service 的状态产生变化的方法。

6.4　Service 实例

本节提供一个具体的编码实例来介绍 Android Service 程序设计的方法、Service（包括远程 Service）的启动/绑定等关键技术。

第 7 章　Intent 与 Broadcast Receiver

本章介绍 Intent 与 Broadcast Receiver。首先介绍什么是 Intent；其次介绍 Intent 解析，包括显式 Intent 和隐式 Intent、Intent Filter；再次介绍 Intent 对象及属性，包括 Intent 的 Component Name 属性、Intent 的 Action 属性、Intent 的 Data 属性、Intent 的 Category 属性、Intent 的 Extras 属性；最后介绍使用 Broadcast Receiver 处理广播事件，包括自定义 Broadcast Receiver、系统广播事件的使用、Notification 和 Notification Manager 的使用。

7.1　Intent 简介

Intent 可以理解为不同组件之间的媒介或者信使。本节介绍 Intent 的基本概念、Intent 与其他组件之间的关系、Intent 的基本构成部分等，并通过具体的代码来展示其过程。

7.2　Intent 解析

本节对 Intent 进行分析，主要包括显式 Intent 和隐式 Intent、Intent Filter 等，来说明 Intent 的设计意图。

7.2.1 显式 Intent 和隐式 Intent

Intent 可以划分成显式 Intent 和隐式 Intent。本小节介绍显式 Intent 和隐式 Intent 的基本概念和使用方法等，并通过具体的代码来展示其过程。

7.2.2 Intent Filter

Android 通过 Intent Filter 来获取 Intent 与数据操作之间的关系。本小节介绍 Intent Filter 的基本概念、使用方法等，并通过具体的代码来展示其过程。

7.3 Intent 对象及属性

可以使用 Intent 来启动 Activity，发起 Broadcast，启动/绑定 Service。本节介绍 Intent 对象及其属性，包括 Intent 的 Component Name 属性、Intent 的 Action 属性、Intent 的 Data 属性、Intent 的 Category 属性和 Intent 的 Extras 属性等。

7.3.1 Intent 的 Component Name 属性

本小节介绍 Intent 的 Component Name 属性的基本定义、设置方法等，并通过实例来说明通过组件名称来直接启动 Activity 的方法。

7.3.2 Intent 的 Action 属性

Action 是指 Intent 要完成的动作，是一个字符串常量。本小节介绍 Intent 的 Action 属性及其使用方法，并通过具体的代码来展示其过程。

7.3.3 Intent 的 Data 属性

Intent 的 Data 属性和 Action 之间存在着匹配关系。本小节介绍 Intent 的 Data 属性，与 Action 之间的对应。

7.3.4 Intent 的 Category 属性

Intent 中的 Category 属性是一个执行 Action 的附加信息。本小节介绍 Intent 的 Category 属性及其使用方法，并通过具体的代码来展示其过程。

7.3.5 Intent 的 Extras 属性

Intent 的 Extras 属性是添加一些组件的附加信息。本小节介绍 Intent 的 Extras 属性及其使用方法，并通过具体的代码来展示其过程。

7.4　使用 Broadcast Receiver 处理广播事件

Broadcast Receiver 是指广播接收器，其机制与事件处理类似，但属于系统级别。本节介绍使用 Broadcast Receiver 来处理广播事件的方法，包括 Broadcast Receiver 的自定义、系统广播事件的使用和 Notification/Notification Manager 的使用。

7.4.1　自定义 Broadcast Receiver

广播通过构建 Intent 并使用发送 Broadcast 的方法实现。广播的接收和处理则需要更复杂一些的过程。本小节介绍 Broadcast Receiver 的自定义方法、注册方法等，并通过具体的代码来展示其过程。

7.4.2　系统广播事件的使用

除了自定义的广播事件，Android 系统还提供很多的标准广播。这些广播由系统自动发出。本小节介绍系统消息及其使用方法，并通过具体的代码来展示其过程。

7.4.3　Notification 和 Notification Manager 的使用

Broadcast Receiver 组件没有提供可视化的界面来显示广播，而是通过使用 Notification 和 Notification Manager 来达到这一目的。本小节介绍 Notification 和 Notification Manager 的使用方法，并通过具体的代码来展示其过程。

7.4.4　Alarm Manager 的使用

Alarm Manager 提供了系统级的提示服务，允许安排在将来的某个时间执行一个服务。本小节介绍 Alarm Manager 的使用方法，并通过具体的代码来展示其过程。

第 8 章　Android 数据管理

本章介绍 Android 数据管理，包括 Android 提供的存储方式，以及每种方式适应的开发需求。本章的目标是开发者对 Android 数据存储有整体性了解。

8.1　Android 数据存储概述

本节介绍 Android 提供的不同存储方式及每种方式所适用的开发需求。Android 为不同的开发需求提供了 Shared Preferences、文件存储、SQLite 数据库方式、内容提供器（Content provider）等多种数据存储方式。

8.2　Android 基本存储方式

本节介绍 Android 提供的最基本的数据存储方式：Shared Preferences。主要内容包括使用 Shared Preferences 存取数据的方法，数据的存储位置和格式，以及设置数据文件访问权限的方法，并通过具体的代码来展示其过程。

8.3　Android 文件存储

本节主要介绍 Android 提供利用文件形式进行数据存储的方式，并通过具体的代码来展示其过程。Shared Preferences 存储方式非常方便，但是其只适合存储比较简单的数据。Android 提供了打开 FileInput 和打开 FileOuput 方法读取设备上的文件。

8.4　Android 数据库

Android 主要提供 SQLite 数据库。本节介绍 SQLite 数据库及其在 Android 上的开发方法。

8.4.1　SQLite 数据库概述

本小节主要介绍 SQLite 数据库管理工具，创建数据库和表的方法，SQLite 数据库中的模糊查询，分页显示记录的方法，SQLite 数据库中的事务，并通过具体的代码来展示其过程。

8.4.2　Android 中的 SQLite 开发方法

本小节主要介绍 Android 提供的 SQLite Open Helper 类，Android 的自动升级数据库，Simple Cursor Adapter 类与数据绑定，数据库与应用程序的关联，SQLite 的日志系统等，并通过具体的代码来展示其过程。

8.5　内容提供器

Android 提供的内容提供器（Content Provider）用来存储和检索数据，通过它可以让所有的应用程序访问到。本节主要介绍 Android 提供的内容提供器（Content Provider），创建和使用内容提供器（Content Provider）的方法。

8.5.1　Content Provider 简介

Content Provider 的主要用途是保存和检索数据，可以为跨应用程序共享数据提供支持。本小节介绍 Content Provider 的基本概念、主要特点等。

8.5.2　Content Provider 的常用方法

本小节介绍 Content Provider 的常用方法，包括 query、insert、update、delete、getType 等，并通过具体的代码来展示其过程。

8.5.3　对 Content Provider 内容进行修改

本小节介绍对 Content Provider 中的数据进行查询和修改的方法，包括查询、添加一般数据、添加多媒体数据等，并通过具体的代码来展示其过程。

8.5.4　自定义 Content Provider

可以利用文件或者 SQLite 数据库来提供数据保存服务，实现 Content Provider 对数据的操作。本小节介绍自定义 Content Provider 的方法，并通过具体的代码来展示其过程。

8.5.5　Content Provider 实例

本小节通过一个具体的实例来展示创建和使用 Content Provider 的全过程，包括创建、各种方法的使用等。

第 9 章　Android 上的 LBS 服务

本章介绍 Android 上的 LBS 服务。LBS（Location-Based Services）是基于位置的服务，又称定位服务或位置服务。LBS 是融合了 GPS 定位、移动通信、导航等多种技术，提供与空间位置相关服务的一项综合应用业务。Android 拥有众多与 LBS 有关的服务，包括 Google 搜索服务、Google 地图服务等多项可与 Android 进行协同的 LBS 内容。

9.1　LBS 服务的基本原理与应用

本节主要介绍 LBS 的基本概念、应用领域和应用前景。

9.2　Android 的 LBS 服务基础

Google 为 Android 提供众多与 LBS 有关的服务，包括 Google 搜索服务、Google 地图服务等，以及其他可以与 Android LBS 进行协同的服务支持。本节主要介绍 Android LBS 的基本概念，并介绍 Google 地图服务对 Android LBS 服务的支持。

9.3　Android 的 LBS 开发支持

Android 为 LBS 的开发提供了相关的 API。通过使用这些 API，在 Google 地图等服务的支持下，Android 应用程序能够获取设备的当前位置，并通过 Google 地图显示出来。

同时，也可以进一步在 Google 搜索等其他服务的支持下，进行扩展，提供更为丰富的 LBS 服务。

9.4　Android 的 LBS 开发方法

本节介绍进行 Android LBS 程序开发的方法，包括 Android LBS 程序 UI 的设计、数据库设计的方法、程序的实现等。

9.4.1　LBS 程序的设计

本小节主要介绍如何根据 Android LBS 服务的需求，来进行程序的高层设计。

9.4.2　LBS 程序 UI 设计

本小节主要介绍 Android LBS 程序的 UI 设计方法。

9.4.3　数据存储实现

本小节主要介绍 Android LBS 程序数据库的设计，包括利用数据库进行设计或者采用其他 Android 数据存储方式进行设计的方法。

9.4.4　程序的实现

本小节主要介绍实现 LBS 程序。

9.5　LBS 的实例

本节提供一个完整的实例来介绍 LBS 程序的开发过程，包括工程创建、实现、测试、修改和优化等多个方面。

第 10 章　Android 网络程序设计

本章介绍 Android 网络程序设计。Android 应用于智能手持移动设备，主要的网络接入方式是无线接入。因此，本章介绍在 Android 平台上常用的网络程序设计技术，包括蓝牙、WiFi 及面向 Internet 的程序设计方法。同时，介绍 Android Widget 的开发。

10.1　Android 蓝牙

本节主要介绍 Android 平台上与蓝牙相关的开发方法，包括对蓝牙技术的介绍，Android 平台上蓝牙设备的打开和关闭，活跃状态的蓝牙设备的搜索，基于蓝牙的通信方式，以及使用 Android API 进行蓝牙开发的方法，并通过具体的代码来展示其过程。

10.2　Android WiFi

本节主要介绍 Android 平台上 Wi-Fi 通信相关程序的开发方法，包括对 WiFi 技术的介绍，Android 提供的相关 API 介绍，使用 WiFi API 进行 Android 程序开发的方法，并通过具体的代码来展示其过程。

10.3　Android Internet 程序设计

本节主要介绍 Android 与 Internet 相关的程序开发，主要包括 Android 的网络组件、Android 的 Http 访问、Android 的 Socket 通信、Android Widget 开发等。

10.3.1　Android 的网络组件

本小节主要介绍 Android 平台上的基本网络组件，包括可装载网络数据的组件、WebView 组件等，以及使用这些组件进行网络开发的方法，并通过具体的代码来展示其过程。

10.3.2　Android 的 Http 访问

本小节主要介绍 Android 平台上访问 Http 资源的方法，介绍 Android 提供的 Http 访问类及使用 WebService 的方法，并通过具体的代码来展示其过程。

10.3.3　Android 的 Socket 通信

本小节主要介绍基于 Socket 的通信，Android 上的 Socket 通信基础内容，以及在 Android 上进行 Socket 通信相关开发的方法，并通过具体的代码来展示其过程。

10.3.4　Android Widget 开发

Widget 是 Android 平台上的小工具，可以通过 Widget 在用户屏幕上显示常用的重要信息。标准的 Android 系统映像包含了指针时钟、音乐播放器、Google 搜索栏和其他的一些 Widget。本小节主要介绍 Widget 的基本概念，Android 上使用的 Widget 分类，以及开发 Widget 的方法，并通过具体的代码来展示其过程。

3.2.2　基于 Android 的应用开发实验设计和安排

1. Android 平台概述

1.1　使用 Android Market 下载 Android 应用程序

1.2 Android Market 账号创建与使用

2. Android 的基本框架和组件

2.1 Android 程序与进程的对应

2.2 Android 程序的打开与关闭

2.3 Android SDK 的简单实例分析

2.4 Android SDK 文档的获取和指定条目的分析

2.5 Android 内核代码分析试验*

3. Android 开发环境

3.1 Windows 下的 Android 开发环境搭建

3.2 Windows 下第一个 Android 程序（“hello world”）的实现

3.3 Linux 下的 Android 开发环境搭建*

4. Android 应用界面设计

4.1 Android 窗口布局

4.2 Android 基础窗口界面设计

4.3 Android 高级窗口界面设计

5. Activity 的使用

5.1 Activity 的创建

5.2 多个 Activity 的创建与数据传递

6. Android Service 组件

6.1 Service 组件的创建与使用

6.2 远程 Service 组件的创建与使用

7. Intent 与 Broadcast Receiver

7.1 Intent 在 Android 程序中的使用

7.2 Broadcast Receiver 的定义与使用

8. Android 数据管理

8.1 使用 SharedPreferences 存取数据

8.2 使用文件存取数据

8.3 基于 SQLite 数据库的联系人管理开发

8.4 内容提供器的创建和使用

9. 基于 Google Map 的 Android LBS 程序设计

10. Android 网络程序设计

10.1 基于蓝牙的程序开发

10.2 基于 Wi-Fi 的程序开发

10.3 基于网络组件的开发

10.4 基于 Socket 的开发

11. Android Widget 开发

3.2.3　综合实验

基于 Android 的多媒体播放器设计与开发，主要要求包括：具有良好的 UI，具备音频播放、视频播放等功能。

基于 Android 的游戏设计与开发，主要要求包括：具有良好的 UI，使用一种传感器，具有一定的趣味性。

基于 Android 的文件传输软件设计与开发，主要要求包括：具有良好的 UI，使用一种 Android 支持的通信协议，具有手机间文件传输的功能。

3.3　基于 Android 的系统级开发课程的知识点切分

基于 Android 的系统级开发课程的建设以 Android 为基本平台，开展移动操作系统底层系统软件开发的教学设计与实践，其主要建设特点如下。

（1）本课程的建设以移动操作系统底层系统软件开发为中心，同时结合嵌入式系统结构的内容，将硬件部分的基础支撑与系统软件的开发结合在一起，构建可持续发展的系统软件开发综合能力培养模式。

系统软件开发必然涉及对底层硬件部分知识的了解，以支撑与硬件资源管理相关的能力培养，这就需要实际教学过程中有较多的前置课程作为基础[43-46]，如图 3.1 所示。

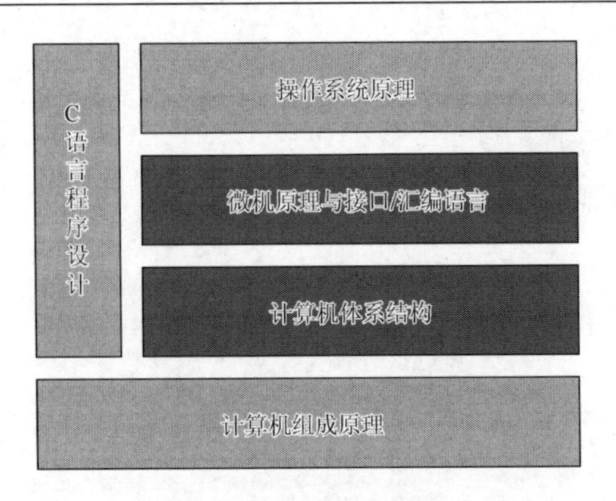

图 3.1　前置课程设置

图 3.1 中的课程分别为移动操作系统底层系统软件的开发提供必要的基础[47-50]。C 语言程序设计提供基本的编程语言基础；计算机组成原理提供基本的硬件组成的支持；操作系统原理提供对操作系统基础知识的支持；计算机体系结构提供对处理器架构和指令集的支持；微机原理与接口/汇编语言则给予必要的接口与汇编语言程序设计方面的支持。

然而，经过调研发现，由于培养方案的特点，在计算机组成原理课程与系统级开发的课程之间，往往存在一定的断层。例如，关于计算机体系结构课程、微机原理与接口/汇编语言课程是否开设及开课时间的问题，往往不能为系统软件开发课程提供足够的支撑。单纯开设系统软件开发的课程，可能会带来由于支撑内容不足而导致教学效果不好的问题[51-55]。

本课程的建设，是将 ARM 体系结构与基于 Android 的系统软件开发结合，在计算机组成原理、操作系统等前置课程结束后，通过引入 ARM 体系结构来为 Android 系统软件开发奠定良好的基础；然后通过学习 Android 系统软件开发课程反过来强化对嵌入式体系结构的理解，从而形成良性的组合。同时，引入的 ARM 体系结构具有独特的特点，又是移动领域的主流处理器，这就使得对体系结构的介绍能够与底层系统软件开发具有深入的结合。以 ARM 体系结构为出发点，既能够支撑学生底层系统软件开发能力的培养，又能够以此为基础，使得学生在面对新的体系结构时，具有自我扩展的可持续学习能力。

（2）在本课程的建设过程中，采用多种教学方式来实现不间断的教学，避免出现授课完成后，后续发展难以持续的局面。一方面开展课堂教学的改进，另一方面不断地扩展课外教学的范围，实现课堂教学与课外教学的联合。

底层系统软件开发能力的培养需要大量的实践，而课堂教学中的实验学时有限，一般只能支持完成 1 个大型的综合实验，因此，建议将教学扩展到课堂之外，以 Android 社团为基本支撑平台，聚集大量的潜在学生，来开展延续性教学。课外教学的形式如图 3.2 所示。

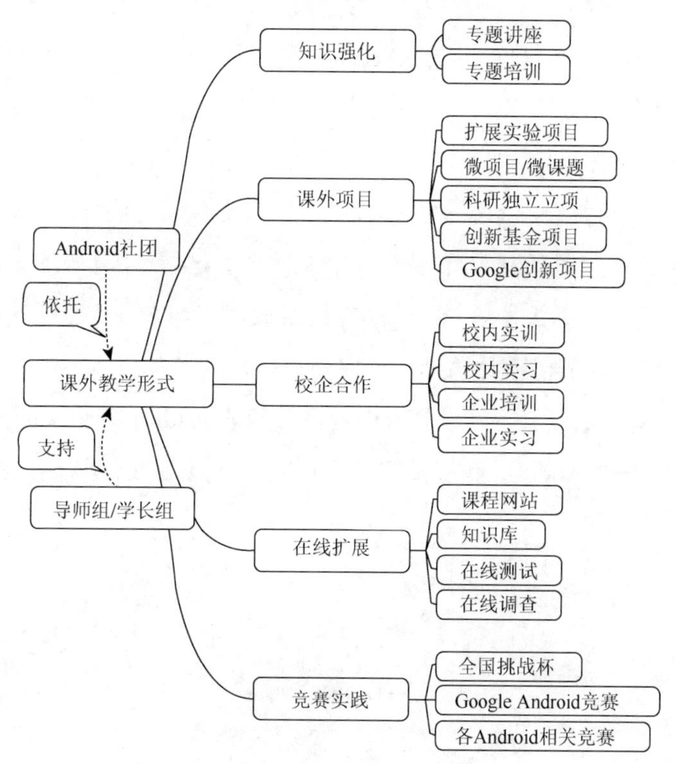

图 3.2　课外教学的形式

同时，本课程当中并没有把理论、实践和创新形成各自有别的模块然后再进行融合，而是形成三链式融合结构，真正将理论、实践和创新的培养结合在一起，如图 3.3 所示。通过在理论、实践和创新上大量的积累，形成相互促进的螺旋式上升结构，最终培养出具有高素质的底层系统软件开发人才。

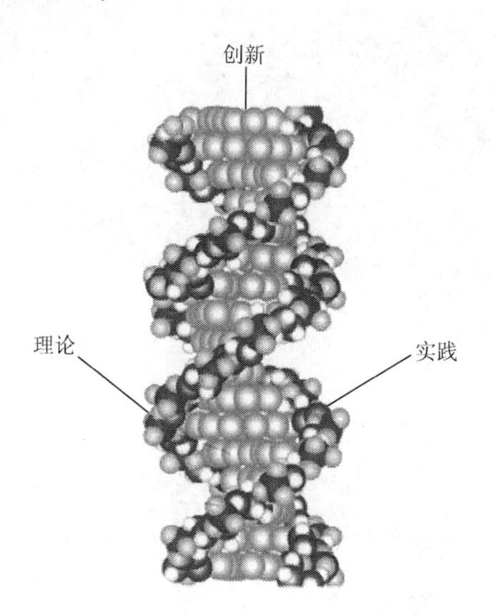

图 3.3　理论、实践、创新三链式融合结构

（3）本课程的建设不是仅仅着眼于 Android 底层系统软件开发在课程中的实现，而是从 Android 开发的整体出发，来进行课程的设计、内容的安排与教学的开展。在传统的课程设计方式中，尽管课程内容之间本质上是关联的，但是课程与课程之间缺乏设计上的关联，从而使得课程变得割裂。本课程在建设时，应考虑从智能硬件、Android 底层系统软件开发、Android 移动应用开发、面向领域/行业的 Android 应用开发的全局角度出发，将 Android 系统软件开发作为人才培养的一个重要组成部分，来进行整体的设计与安排。

从 Android 人才培养的整体角度进行课程设计规划，并与相关的人才培养规划和方向，以及相关的课程进行协调，形成具有课程群效应的 Android 底层系统软件开发能力的培养方案，对学生开展 Android 底层系统软件开发具有极大的益处，如图 3.4 所示。

图 3.4　Android 人才培养规划

本课程的详细内容如下。

第 1 章　嵌入式系统概述

本章是对嵌入式系统的概述。主要是介绍嵌入式系统的基本概念，以及嵌入式系统的核心组成元素，包括嵌入式处理器和嵌入式操作系统。

1.1　嵌入式系统

随着半导体技术的进步和无线网络的发展，嵌入式系统在很多领域都得到了广泛的应用，并逐渐扩展到新的交叉领域。了解嵌入式系统是学习嵌入式系统、进行嵌入式系统开发的前提和基础。了解嵌入式系统的定义、发展和现状，掌握嵌入式系统进化、掌握嵌入式系统开发技术、分析嵌入式系统未来发展等必要内容。

1.1.1　现实中的嵌入式系统

嵌入式系统可能是“不可见”的，但是几乎是无处不在的。嵌入式系统在很多行业中得到了广泛的应用并逐步改变着这些产业；在日常生活中，人们使用各种嵌入式系统，但未必知道它们。事实上，几乎所有带有一点“智能”的家电都是嵌入式系统。嵌入式系统广泛的适应能力和多样性，使得视听、工作场所甚至健身设备中到处都有嵌入式系统。

1.1.2　嵌入式系统的定义

对嵌入式系统的定义多种多样，但没有一种定义是全面的。从技术的角度定义：以应用为中心，以计算机技术为基础，软件硬件可裁剪，适应应用系统对功能、可靠性、成本、体积、功耗的严格要求的专用计算机系统。

1.1.3　嵌入式系统的未来

随着相关技术的不断发展，嵌入式系统也在经历着变化，并不断地进步。未来嵌入式系统也必将保持现有的发展势头，并不断扩大其优势。本小节介绍学术界和工业界对嵌入式系统未来发展的预期。

1.2　嵌入式处理器

嵌入式处理器是来自传统的桌面处理器，但是由于其特殊的应用背景，嵌入式处理器既有自己的特点，也有不同的类别。对嵌入式处理器的了解是从事系统级开发的必要基础。

1.2.1　嵌入式处理器的主要特点

嵌入式处理器是用于资源受限的嵌入式系统当中，因此，面向不同类型的应用，也表现出不同的特点。这主要与嵌入式处理器的尺寸、能耗、价格和性能等方面的要求相关。

1.2.2　嵌入式处理器的分类

按照目前主流的分类方法，嵌入式处理器可以分为以下几大类：嵌入式微处理器、嵌入式微控制器、嵌入式 DSP 处理器、嵌入式片上系统（SOC）。每一类都有其核心特征，并适用于一定的情况。

1.3　嵌入式操作系统

嵌入式系统包括硬件和软件，在发展初期没有操作系统这个概念，用户使用监控程序来使用计算机。随着技术的发展，硬件和软件资源越来越丰富，在监控程序基础上，发展形成操作系统。

1.3.1　嵌入式操作系统概述

广泛使用的三种操作系统为多道批处理操作系统、分时操作系统及实时操作系统。在嵌入式操作系统中，常用的是实时操作系统。

1.3.2　嵌入式操作系统特点

一般实时操作系统应用于实时处理系统的上位机和实时查询系统等实时性较弱的实时系统，并且提供开发、调试、运用一致的环境。嵌入式实时操作系统应用于实时性要求高的实时控制系统，而且应用程序的开发过程是通过交叉开发来完成的，即开发环境与运行环境是不一致的。嵌入式实时操作系统具有规模小（一般在几 KB 至几十 KB）、可固化使用实时性强（在毫秒或微秒数量级上）的特点。

1.3.3　主要的基本概念

嵌入式操作系统中，有一些基本概念，包括前后台系统、内核、（实时）调度、任务优先级和中断等。

1.3.4　常见的嵌入式操作系统

常见的嵌入式操作系统包括 Android、iOS、Windows Phone、VxWorks、UC/OS 等。本小节介绍它们的基本特点。

第 1 章基本要求：

（1）领会嵌入式系统的定义及特点；

（2）深入理解嵌入式处理器及其分类；

（3）熟悉嵌入式操作系统的特点；

（4）熟悉常见几种嵌入式实时操作系统。

第 1 章重点：嵌入式系统的定义及特点，嵌入式操作系统的特点。

第 1 章难点：嵌入式系统的定义及特点。

第 2 章　ARM 体系结构

本章介绍 ARM 体系结构。首先介绍 RISC 思想；其次介绍 ARM 体系结构的主要特点，以及常用的 ARM 处理器；再次以 ARM7TDMI 为核心，介绍 ARM 的模块、内核和功能框图，ARM 处理器状态，ARM 处理器模式，ARM 内部寄存器和程序状态寄存器；再次介绍 ARM 的异常、中断及其向量表；最后介绍 ARM 体系的存储系统。通过本章内容，建立起对 ARM 体系结构的基本框架。

2.1　ARM 简介

2.1.1　ARM 与 ARM 处理器核

ARM 是 Advanced RISC Machines 的缩写，只设计芯片，而不生产。它将技术授权给世界上许多著名的半导体、软件和 OEM 厂商，并提供服务。ARM 处理器是在 ARM 公司设计的内核（ARM 系列）基础上设计并实现的嵌入式处理器。

2.1.2　RISC

ARM 核是基于 RISC 思想进行设计。RISC 是精简指令集计算机的缩写，其目标是设计出在高时钟频率下单周期执行简单而有效的指令集。

2.1.3　ARM 体系结构特点

在 RISC 基础上，为了能够更好地满足嵌入式应用的需要，ARM 体系结构还设计了新的特征。

2.1.4　常用的 ARM 处理器

ARM 公司开发了很多系列的 ARM 处理器核，常用的是 ARM7、ARM9、ARM9E、ARM10E、ARM11，目前最新的系列是 Cortex。

2.2　ARM7TDMI

ARM7TDMI 是常用的 ARM 系列处理器之一。ARM7TDMI 是基于 ARM 体系结构 V4 版本的低端 ARM 核。其弥补了 ARM6 很难在低于 5V 的电压下稳定工作的不足，还增加了后缀所对应的功能。

2.2.1　ARM7TDMI 简介

本小节介绍 ARM7TDMI 的基本内容，以及其主要技术特点等。

2.2.2　ARM7TDMI 三级流水线

本小节介绍 ARM7TDMI 中采用的三级流水线。从基本流水线概念开始，逐步介绍

ARM7TDMI 三级流水线的构成、特点、指令执行顺序等。并通过示例对其进行详细的解释和说明。

2.3 ARM 的模块、内核和功能框图

在 ARM7TDMI 的基本概念基础上，本节介绍 ARM7TDMI 的主要模块、内核和功能框图。

2.3.1 ARM7TDMI 主要模块

本小节介绍 ARM 的主要模块，包括 ARM 核心 CPU、片上调试系统、CPU 协处理接口、读写总线、EmbedICE 硬件仿真功能模块等，并以图解的形式进行说明。

2.3.2 ARM7TDMI 内核

本小节介绍 ARM 内核，包括各类寄存器、扫描调试控制、ALU、指令译码和控制逻辑等，并以图解的形式进行说明。

2.3.3 ARM 功能框图

本小节以框图的形式，介绍 ARM7TDMI 的主要功能，包括时钟、中断、总线控制、仲裁、调试、同步的扫描调试访问接口、存储器接口、存储器管理接口和协处理器接口等。

2.4 ARM 处理器状态

本节介绍 ARM 处理器的两种状态，即 ARM 指令集和 Thumb 指令集，以及两种指令集之间的切换。

2.4.1 ARM 处理器状态

本小节分别介绍 ARM 处理器的 ARM 指令集和 Thumb 指令集。由于这两种指令集的相互关系，将两者放在一起进行对比介绍。

2.4.2 ARM 处理器状态切换

本小节主要介绍 ARM 处理器状态之间如何进行切换，应该使用怎样的指令进行切换。

2.5 ARM 处理器模式

本节主要介绍 ARM 体系结构支持的 7 种处理器模式，分别为用户模式、快中断模式、中断模式、管理模式、中止模式、未定义模式和系统模式，以及它们之间切换的方式。

2.6　ARM 内部寄存器

本节主要介绍 ARM7TDMI 中的内部寄存器，包括 ARM 状态下和 Thumb 状态下可使用的内部寄存器。

2.6.1　ARM 状态下的内部寄存器

本小节介绍 ARM 状态下可使用的内部寄存器。

2.6.2　Thumb 状态下的内部寄存器

本小节介绍 Thumb 状态下可使用的内部寄存器。

2.7　当前程序状态寄存器

本节主要介绍 ARM 的当前程序状态寄存器即（current program statas register，CPSR）。CPSR 反映当前处理器的状态，包括 4 个条件代码标志（负标志 N、零标志 Z、进位标志 C 和溢出标志 V），2 个中断禁止位（IRQ 禁止与 FIQ 禁止），5 个对当前处理器模式进行编码的位（M[4：0]）和 1 个用于指示当前执行指令的位（ARM 指令还是 Thumb 指令）。

2.8　异常、中断及其向量表

本节主要介绍 ARM 的异常、中断和向量表。

2.8.1　异常与中断

本小节介绍 ARM 中的异常定义和概念。

2.8.2　异常入口/出口

本小节介绍异常返回地址值及退出异常处理程序所推荐使用的指令，并介绍相关的异常向量表。

2.8.3　异常优先级

本小节介绍当多个异常同时发生时，一个固定的优先级决定系统处理它们的顺序。

2.8.4　异常的进入和退出

本小节介绍当异常发生时，如何从正常程序进入异常；当异常处理程序结束时，如何退出。

2.8.5　常见异常的进入和退出

本小节介绍常见异常，包括复位、中断请求（IRQ 和 FIQ）、未定义指令异常、中止异常（预取指中止和数据中止）、软件中断异常等的进入和退出。

2.9　ARM 体系的存储系统

本节介绍 ARM 体系的存储系统，主要包括 ARM 的地址空间、存储器格式等。

第 2 章基本要求：

（1）掌握 ARM7 内核；

（2）掌握处理器状态与模式、内部寄存器、程序状态寄存器、异常、中断及其向量表和存储系统；

（3）深入理解 ARM 体系结构的主要特征。

第 2 章重点：ARM 的结构特性，字和半字，ARM 处理器状态、模式，存储器体系，ARM 体系的异常及中断。

第 2 章难点：ARM 的结构特性，ARM 处理器状态、模式、异常。

第 3 章　ARM 指令集

本章介绍 ARM 指令集。首先介绍 ARM 处理器的寻址方式，其次介绍 ARM 和 Thumb 指令集。在此过程中，会对两者进行比较，从而能够更为深入的了解。

3.1　ARM 处理器的寻址方式

寻址方式是根据指令中给出的地址码字段来实现寻找真实操作数地址的方式。ARM 处理器具有 8 种基本寻址方式，分别是寄存器寻址、立即寻址、寄存器移位寻址、寄存器间接寻址、基址寻址、多寄存器寻址、堆栈寻址和相对寻址。本节对每种寻址方式进行详细的介绍，并与 CISC 指令集进行比较。

3.2　ARM 指令集

ARM 指令集是 ARM 状态下所使用的指令集。该指令集为 32 位，具有很高的效率。代码密度低。

3.2.1　简单的 ARM 程序

本小节介绍一个简单的 ARM 程序，分析一个简单 ARM 程序的结构，从而对 ARM 程序及其指令有初步的了解。

3.2.2　ARM 指令格式

本小节介绍 ARM 指令的基本格式。ARM 按照 RISC 思想设计，其第二操作数具有多种不同的使用方式。

3.2.3　ARM 条件码

本小节介绍 ARM 条件码。使用条件码“cond”可以实现高效的逻辑操作，提高代码效率。条件码的使用方式将在本小节进行详细的介绍。

3.2.4　ARM 指令

本小节介绍 ARM 指令，包括存储器访问指令、数据处理指令、乘法指令、ARM 分支指令、协处理器指令、杂项指令、伪指令等。每种指令的典型指令都会被进行分析和解释，从而能够掌握主要的 ARM 指令。

3.3　Thumb 指令集

Thumb 指令集是 Thumb 状态下使用的指令。具有较高的代码密度，却仍然保持 ARM 的大多数性能上的优势，它是 ARM 指令集的子集。Thumb 指令体系不完整，只支持通用功能。必要时仍需要使用 ARM 指令，如进入异常时。

3.3.1　简单的 Thumb 程序

本小节介绍一个简单的 Thumb 程序，分析一个简单 Thumb 程序的结构，从而对 Thumb 程序及其指令有初步的了解。同时，也会比较 ARM 程序与 Thumb 程序的区别。

3.3.2　Thumb 指令与 ARM 指令的比较

本小节介绍 Thumb 指令与 ARM 指令的比较，包括 Thumb 指令集与 ARM 指令集的相似处和 Thumb 指令集与 ARM 指令集的区别。

第 3 章基本要求：

（1）掌握 ARM 处理器的寻址方式及其常用指令；

（2）正确使用其编写简单的汇编语言程序。

第 3 章重点：寻址方式、ARM 指令、Thumb 指令。

第 3 章难点：寻址方式、ARM 指令。

第 4 章　ARM 硬件结构

本章介绍 ARM 基本的硬件结构。主要内容包括对所采用平台的基本简介、引脚描述、存储器寻址、系统控制模块、存储器加速模块、外部存储器控制器、引脚连接/控制模块、GPIO、向量中断控制器、外部中断输入、定时器、I2C 接口、UART 接口、A/D 转换器、看门狗、实时时钟（RTC）等。

4.1　基本平台简介

本节介绍所使用硬件平台的特点、应用场景等。

4.2　引脚描述

本节介绍基本的处理器引脚。

4.3　存储器寻址

4.3.1　存储器与存储器映射

本小节介绍对存储器的支持，包括片内存储器和片外存储器，以及存储器与地址之间的映射关系。

4.3.2　外设的地址映射

本小节介绍外部设备在地址空间内的映射关系。

4.3.3　启动代码与存储器

本小节介绍启动代码与存储器之间的关系。

4.4　系统控制模块

4.4.1　系统控制模块简介

本小节介绍能够影响整个系统运行状态的改变系统控制模块，汇总其寄存器。具体包括时钟系统、存储器控制映射和功率控制等。

4.4.2　时钟系统

本小节介绍时钟系统的构成与功能，包括晶体振荡器、复位、唤醒定时器、PLL 和 VPB。

4.4.3　存储器映射控制

本小节介绍存储器映射控制机制及其对应的实现方法。

4.4.4　功率控制

本小节介绍 ARM 硬件中，不同的节能模式及其控制方法。

4.5　存储器加速模块及应用示例

4.5.1　存储器加速模块

本小节介绍对快速访问存储器的硬件支持结构及其控制方法。

4.5.2　存储器加速模块应用示例

本小节通过实际的例子来介绍如何进行编程来控制存储器加速模块。

4.6　外部存储器控制模块及应用示例

4.6.1　外部存储器控制模块

本小节介绍对外部存储器进行控制的模块，以及其硬件支持结构及其控制方法。

4.6.2　外部存储器控制模块应用示例

本小节通过实际的例子来介绍如何使用外部存储器控制模块。

4.7　引脚连接/控制模块及应用示例

4.7.1　引脚连接/控制模块

本小节介绍引脚连接/控制模块的硬件结构与使用方法。

4.7.2　引脚连接/控制模块应用示例

本小节通过实际的例子来介绍如何使用引脚连接/控制模块。

4.8　向量中断控制器及应用示例

4.8.1　向量中断控制器

本小节介绍向量中断控制器的硬件结构与使用方法。

4.8.2　向量中断控制器应用示例

本小节通过实际的例子来介绍如何使用向量中断控制器。

4.9　GPIO 及应用示例

4.9.1　GPIO

本小节介绍 GPIO 的硬件结构与使用方法。

4.9.2　GPIO 及应用示例

本小节通过实际的例子来介绍如何使用 GPIO。

4.10　外部中断输入及应用示例

4.10.1　外部中断输入

本小节介绍外部中断输入的硬件结构与使用方法。

4.10.2　外部中断输入应用示例

本小节通过实际的例子来介绍如何使用外部中断输入。

4.11　定时器及应用示例

4.11.1　定时器

本小节介绍定时器的硬件结构与使用方法。

4.11.2　定时器应用示例

本小节通过实际的例子来介绍如何使用定时器。

4.12　I2C 接口及应用示例

4.12.1　I2C 接口

本小节介绍 I2C 接口的硬件结构与使用方法。

4.12.2　I2C 接口应用示例

本小节通过实际的例子来介绍如何使用 I2C 接口。

4.13　UART 接口及应用示例

4.13.1　UART 接口

本小节介绍 UART 接口的硬件结构与使用方法。

4.13.2　UART 接口应用示例

本小节通过实际的例子来介绍如何使用 UART 接口。

4.14　A/D 转换器及应用示例

4.14.1　A/D 转换器

本小节介绍 A/D 转换器的硬件结构与使用方法。

4.14.2　A/D 转换器应用示例

本小节通过实际的例子来介绍如何使用 A/D 转换器。

4.15　“看门狗”及应用示例

4.15.1　“看门狗”

本小节介绍“看门狗”的硬件结构与使用方法。

4.15.2　“看门狗”应用示例

本小节通过实际的例子来介绍如何使用看门狗。

4.16　实时时钟及应用示例

4.16.1　实时时钟

本小节介绍对存储器的支持，包括片内存储器和片外存储器，以及存储器与地址之间的映射关系。

4.16.2　实时时钟应用示例

本小节通过实际的例子来介绍如何使用实时时钟。

第 4 章基本要求：

（1）掌握基本 ARM 硬件结构；

（2）掌握内部器件、总线和端口的工作原理及其相应操作，为后面的开发打下基础。

第 4 章重点：ARM 基本硬件结构，各种硬件结构与使用方法。

第 4 章难点：各种硬件结构与使用方法。

第 5 章　Android 平台概述

本章是 Android 平台概述。主要概述 Android 的基本内容，包括 Android 的发展历程，

Android 的特点，开放手机联盟与 Android。

5.1　Android 的发展历程

随着无线宽带网络的不断发展，移动终端对系统软件和应用软件的要求和需求都发生了较大的变化。Android 就是针对新型应用环境所提供的面向移动终端的系统软件。了解 Android 的发展历程是把握 Android 系统进化、掌握 Android 开发技术和分析 Android 未来发展的必要内容。

5.1.1　Android 的历史

Android 是由 Google 在 Linux 的基础上开发出的面向移动终端的系统软件平台，在其开发过程中经历了多次的版本变迁。每次新的版本都根据移动宽带网络和移动终端的发展提供新的特性。

5.1.2　Android 的现状

Android 正式推向市场的时间只有短短几年，但是由于 Android 开源开放、提供良好的应用开发支持，已成为智能移动终端领域的主流系统软件，并不断地将其应用领域扩展到多种嵌入式设备上。

5.1.3　Android 的未来

随着相关技术的不断发展，Android 也在经历着变化，并不断地进步。未来 Android 也必将保持现有的发展势头，不断扩大其优势。本小节介绍 Google 和业界对 Android 未来的一些预期。

5.2　Android 的特点

与传统的移动终端系统软件相比，Android 具备了其独特的特点，这既是 Android 的优势，也是 Android 得以快速发展的重要原因。

5.2.1　Android 的主要特点

Android 是开源开放的系统，既提供了基本的系统服务，也提供了面向移动设备的软件支撑服务，同时也具有完整的应用开发支持，构成了一个完成的平台。Android 具备了多层面的服务支持，应用领域广泛。为了更好地发展和推广 Android，Google 于 2007 年联合多家公司建立了一个全球性的联盟组织，即开放手机联盟。成员达到了数十家，包括了业界领先的手机制造厂商、手机芯片厂商和移动运营商等，共同发展 Android。

5.2.2　Android与其他相关平台的比较

Android不是移动领域唯一的系统软件平台。而Android之所以能够取得领先地位，与其比较优势是分不开的。本小节对比Android和其他主要平台，并通过展示基于Android的应用来进行实际的比较。

5.3　开放手机联盟

Android不是移动领域唯一的系统软件平台。而Android之所以能够取得领先地位，与其比较优势是分不开的。本小节将对比 Android 和其他主要平台，并通过展示基于Android的应用和系统级软件演示程序来进行实际的比较。

5.3.1　开放手机联盟的组建

开放手机联盟由Google牵头，在2007年11月，34个联盟成员共同宣布成立，并在当月发布了第一版的Android SDK，随后Android进入了快速发展阶段。

5.3.2　开放手机联盟的作用

开放手机联盟包括了移动产业链上不同层面的厂商和相关研发机构，构成了Android强大的技术和服务联盟。通过开放手机联盟，Android的版本不断发展，技术特性不断得到增强，市场份额不断扩大。

第5章基本要求：

（1）了解Android平台的发展及其基本概况；

（2）充分了解Android的主要特点及优势；

（3）了解开放手机联盟；

第5章重点：Android的主要特点及优势。

第5章难点：Android的主要特点。

第6章　Android的基本框架和组件

本章介绍Android的基本框架和组件。首先介绍Android的基本框架，包括Android系统架构、Linux内核、Dalvik虚拟机、Android运行时、Android系统库和Android应用程序框架；其次介绍Android的进程与线程，包括Android进程和Android线程模型；再次介绍Android SDK，包括Android SDK概述和Android SDK内容；最后介绍Android基本组件，包括Android应用程序结构和Android基本组件。

6.1 Android 基本框架

Android 是以 Linux 为核心的嵌入式系统软件平台，根据 Google 对 Android 的设计，将之分成了不同的层次。Android 在不同的层次上提供相应的各项服务。

6.1.1 Android 系统架构

Android 提供一个分层的环境，自顶至下分为：Android 应用程序层、应用程序框架层、系统库层、Android 运行时库、Linux 内核层等五个层次。Android 系统架构旨在使学习者了解 Android 的基本构成。

6.1.2 Linux 内核

Android 的系统核心是基于 Linux 内核开发。在 Linux 内核基础上，Google 针对移动领域的应用特点进行扩展和修改。

6.1.3 Android 运行时

Android 运行时（Android runtime）提供核心链接库（core libraries）和 Dalvik VM 虚拟系统（Dalvik virtual machine），采用 Java 开发的应用程序编译成 apk 程序代码后，交给 Android 操作环境来执行。

Dalvik 虚拟机是 Google 的 Java 实现，专门针对移动设备进行了优化。为 Android 编写的所有代码使用的都是 Java 语言，这些代码都在虚拟机中运行。

6.1.4 Android 系统库

Android 系统库是应用程序框架的支撑，是连接应用程序框架层与 Linux 内核层的重要纽带。Android 系统库的核心内容是为 Android 的各项服务提供支持。

6.1.5 Android 应用程序框架

Android 应用程序框架是 Android 开发的基础，很多核心应用程序也是通过 Android 应用程序框架来实现其核心功能的。Android 应用程序框架层简化了组件的重用，为上层应用的开发提供了组件，也可以通过继承而实现个性化的拓展。

6.2 Android 进程与线程

Android 使用了进程与线程。通过对进程和线程的使用，Android 能够更好地进行资源管理、任务调度等核心工作。

6.2.1 Android进程

本小节主要介绍Android进程在Android系统中的实现方式，Android进程的生命周期，Android进程与Linux进程的关系，以及Android进程与Android线程之间的关系。

6.2.2 Android线程模型

本小节主要介绍Android线程模型，Android主线程的概念和基本内容，Android线程的创建、生命周期，Android多线程的实现，多线程与主线程之间的关系，线程的安全问题等。

6.3 Android SDK

Android SDK是进行Android应用开发的必要内容。本节主要介绍Android SDK的基本概念；Android SDK包含的内容。

6.3.1 Android SDK概述

Android SDK 提供了在不同平台上进行 Android 应用开发的组件。本小节介绍Android SDK的基本概念和如何获取SDK包，从而使开发者能够对Android SDK有初步的基本了解。

6.3.2 Android SDK内容

本小节介绍Android SDK为开发者提供的内容，包括Android SDK的主要目录结构、SDK所提供的工具、SDK相关的文档及其使用方法等。

6.4 Android基本组件

本节主要介绍Android中使用的基本组件。Android的各个应用之间相互独立，运行在自己的进程当中。根据完成的功能不同，Android划分出了基本的组件，来构成Android应用程序的基本结构。

6.4.1 Android应用程序结构

本小节介绍 Android 应用程序的基本结构，Android 程序包括 Activity、Service、Broadcast Intent Receiver和Content Provider。这些构成了Android应用程序。

6.4.2 Android基本组件

本小节介绍Android基本组件，以及不同组件的作用及其基本使用方法。不同的基本组件在 Android 应用程序中提供不同的功能，组件之间的协同和合作来共同完成 Android 应用程序的功能。

第 6 章基本要求：

（1）了解 Android 的基本体系结构框架；

（2）熟悉各层次的概念和特点；

（3）熟悉 Android 进程和线程的基本概念和特点；

（4）了解 Android SDK；

（5）熟悉 Android 的各个基本组件。

第 6 章重点：Android 的基本体系结构框架，Android 进程和线程。

第 6 章难点：Android 的基本体系结构框架。

第 7 章　Android 系统软件开发

本章介绍基于 ARM 的硬件平台和 Android 进行底层系统软件开发所需要的开发环境，主要包括系统软件开发模式、系统软件开发环境、目标机环境、交叉编译工具链等。通过本章，初步建立起对系统软件及其开发环境的认识。

7.1　Android 系统软件开发的特点与模式

7.1.1　Android 系统软件开发特点

本小节介绍 Android 系统软件开发的基本特点。Android 系统的底层操作系统内核是 Linux 内核，因此基于 Linux 的系统软件开发是 Android 系统软件开发的核心概念之一。

7.1.2　Android 系统软件开发模式

本小节介绍 Android 系统软件的开发模式。Android 系统软件的开发模式与嵌入式 Linux 的系统软件开发模式相似。

7.2　宿主机环境

Android 系统软件的开发，往往是在 PC 上进行，而实际的运行则是在移动智能终端上，因此既需要开发用的 PC，又需要相应的开发板来支持。

7.2.1　串口终端

本小节介绍用于系统软件开发的串口终端。

7.2.2　BOOTP 协议

BOOTP 的全称是 BootStrap Protocol，是一种比较早出现的远程启动协议，DHCP 协议就是从 BOOTP 协议扩展而来的。BOOTP 协议使用 TCP/IP 网络协议中的 UDP 67/68 两个通信端口。BOOTP 协议主要是用于无磁盘的客户机从服务器得到自己的 IP 地址、服务器的 IP 地址、启动映象文件名、网关 IP 等。

7.2.3　TFTP 协议

TFTP 的全称是 Trivial File Transfer Protocol，是下载远程文件的最简单网络协议，它基于 UDP 协议而实现。

7.2.4　交叉编译

交叉编译是在一种计算机环境中运行的编译程序，能编译出在另外一种环境下运行的代码。这是进行 Android 系统软件开发的编译环境。

7.2.5　make 工具

make 是 Linux 下的程序自动维护工具，用于根据程序修改情况，来判断需要对哪些模块进行重新编译。这是进行 Android 系统软件开发的必要工具。

7.3　目标机环境

目标机是用于 Android 系统软件开发的开发板，往往也提供了相应的环境。本节包括 JTAG 接口的介绍和 Boot Loader 的介绍。

7.3.1　JTAG 接口简介

JTAG 是 ARM 芯片上用于内部测试的接口，本小节对该接口进行介绍。

7.3.2　Boot Loader 简介

本小节介绍 Boot Loader 的基本概念。

7.4　交叉编译工具链

本节介绍交叉编译工具链，包括交叉编译工具链的构建方法及相关工具的介绍。在进行底层开发时，需要使用交叉编译工具链。

7.4.1　交叉编译的构建

本小节介绍如何构建相应环境下的交叉编译工具链。

7.4.2　相关工具介绍

本小节介绍交叉编译的相关工具。

第 7 章基本要求：

（1）了解嵌入式系统软件开发的基本特点和模式；

（2）了解用于开发的通信协议；

（3）理解交叉编译的概念；

（4）熟悉交叉编译工具链及其相关工具。

第 7 章重点：嵌入式系统软件开发的基本特点和模式，交叉编译的概念，交叉编译工具链。

第 7 章难点：交叉编译的概念，交叉编译工具链。

第 8 章　Boot Loader

在嵌入式操作系统中，Boot Loader 在操作系统内核运行之前运行。它可以初始化硬件设备、建立内存空间映射图，从而将系统的软硬件环境带到一个合适状态，以便为最终调用操作系统内核准备好正确的环境。

8.1　Boot Loader 基本概念

通过对嵌入式系统软件启动时的过程进行介绍，引入 Boot Loader 的概念，并介绍其基本启动过程等。

8.1.1　启动流程

本小节介绍嵌入式系统的一般启动流程，包括硬件加电、引导加载程序、操作系统内核加载、文件系统加载及应用程序加载等；并将嵌入式系统的启动过程和引导加载程序与 PC 的启动过程和引导加载程序进行对比。

8.1.2　Boot Loader 的概念

本小节介绍 Boot Loader 的概念，包括其定义、功能、通用程度、存储位置，以及 Boot Loader 的输入输出。

8.1.3 Boot Loader 操作模式

本小节介绍 Boot Loader 的操作模式，包括启动加载模式、下载模式、文件传输设备与协议等。

8.2 Boot Loader 的典型结构

本节针对 Boot Loader 的结构和具体启动过程进行介绍。Boot Loader 的启动过程可以是单阶段的，也可以是多阶段的。多阶段的启动能够提供更为复杂的功能，并具备更好的可移植性，因此，本节的核心内容为多阶段启动过程。

8.2.1 Boot Loader 的生命周期

本小节介绍 Boot Loader 的生命周期，包括其整个生命周期的过程，以及生命周期过程中的主要操作。

8.2.2 阶段 1

本小节介绍 Boot Loader 的阶段 1，主要完成基本的硬件初始化，并为阶段 2 做好准备工作。

8.2.3 阶段 2

本小节介绍 Boot Loader 的阶段 2，主要包括初始化本阶段要使用的硬件设备，检测系统的内存映射，并加载内核映像和根文件系统映像等。

8.3 Boot Loader 基本设计

本节介绍常用的 Boot Loader，针对 Android 系统内核所使用的 Linux，Boot Loader 进行分析和移植。

8.3.1 设计思路

本小节介绍一般 Boot Loader 的设计思路，并将之引入 Android 内核 Boot Loader 设计中。

8.3.2 U-Boot 代码分析与移植

本小节对常用的 U-Boot 代码进行分析，并介绍移植时的关键内容。

第 8 章基本要求：

（1）了解嵌入式系统的一般启动过程；

（2）熟悉 Boot Loader 的基本概念；

（3）熟悉 Boot Loader 的启动过程；

（4）掌握面向 Android 内核的 Boot Loader 移植方法。

第 8 章重点：Boot Loader 的启动过程，面向 Android 内核的 Boot Loader 移植方法。

第 8 章难点：面向 Android 内核的 Boot Loader 移植方法。

第 9 章　操作系统内核与驱动程序

本章介绍针对内核级别的软件设计，包括嵌入式 Linux 的设计及移植，嵌入式文件系统的设计及移植，驱动程序的设计与实现，嵌入式数据库技术。本章是本课程的核心内容之一，通过本章的学习，建立起对内核的全面认知，并能够通过理论与实践的结合对内核、文件系统、驱动程序和嵌入式数据库有更为深入的理解。

9.1　嵌入式 Linux 内核设计及移植

本节介绍嵌入式 Linux 内核的设计及移植。Android 系统的底层操作系统内核是 Linux，因此，对于这一层所涉及的内核、文件系统、驱动程序实际上与嵌入式 Linux 密切相关。通过本节的学习，可以进一步了解 Android、Android 操作系统内核、嵌入式 Linux 之间的关系，并能够对内核开发和移植具有一定程度的了解。

9.1.1　ARM-Linux-Android

本小节介绍 ARM、嵌入式 Linux 和 Android 系统之间的关系。嵌入式 Linux 是以 Linux 为基础，面向嵌入式系统定制的嵌入式操作系统；在嵌入式系统中 ARM 是主流的处理器，因此两者往往结合在一起。

9.1.2　ARM-Linux 内核设计

本小节对面向 ARM 处理器的嵌入式 Linux 内核进行介绍，包括其内存管理、中断响应和处理、文件系统等。

9.1.3　ARM-Linux 内核启动流程

本小节介绍面向 ARM 处理器的嵌入式 Linux 内核的启动流程，与 Boot Loader 结合能够对整个启动过程有更为深入的了解。

9.1.4　ARM-Linux 内核移植

本小节介绍面向 ARM 处理器的嵌入式 Linux 内核的移植方法，以及面向特定平台时需要注意的事项。

9.2　嵌入式文件系统设计及移植

本节介绍面向 ARM 处理器嵌入式文件系统的设计与移植。常用的嵌入式文件系统包括 ramdisk 文件系统和 nfs 根文件系统。

9.2.1　嵌入式 Linux 文件系统介绍

本小节介绍嵌入式文件系统的一般文件，并引入常见的嵌入式文件系统。

9.2.2　嵌入式 Linux 文件系统框架

本小节介绍在嵌入式/Android 系统中 Linux 文件系统的框架。

9.2.3　嵌入式 Linux 文件系统移植

本小节主要介绍如何针对特定的 ARM 平台进行文件系统的移植，包括文件系统制作、内核配置与编译等。

9.3　嵌入式/Android 驱动程序设计及实现

本节介绍嵌入式/Android 驱动程序设计及实现，以及嵌入式 Linux 的驱动程序，包括字符设备驱动、块设备和网络设备驱动等。本节首先介绍嵌入式 Linux 的驱动程序的一般概念；其次介绍嵌入式 Linux 设备驱动程序结构，随后引入嵌入式 Linux 内核设备模型；最后介绍一般的嵌入式 Linux 驱动程序设计与实现方法，包括上述不同类别设备的驱动程序的设计与实现。

9.3.1　嵌入式 Linux 驱动程序简介

本小节从 Linux 驱动程序开始，引入并介绍嵌入式 Linux 驱动程序。

9.3.2　嵌入式 Linux 设备驱动程序结构

本小节从 Linux 设备驱动程序结构出发，引入并介绍嵌入式 Linux 设备驱动程序结构。

9.3.3　嵌入式 Linux 内核设备模型

本小节通过对 Linux 设备的介绍，引入并分析嵌入式 Linux 内核所使用的设备模型，包括组织设备层次结构所使用的文件系统、关键数据结构、主要相关函数等。

9.3.4　嵌入式 Linux 驱动程序设计方法

本小节介绍嵌入式 Linux 驱动程序设计方法，包括数据交换方式、驱动程序结构、设备的注册和初始化、基本函数、模块的加载和卸载等。

9.3.5　嵌入式设备驱动程序实现技术

本小节介绍具体的字符设备、块设备和网络设备等设备驱动程序开发，通过实例来介绍具体的实现方法。

9.4　嵌入式数据库技术

本节介绍用于嵌入式系统的数据库。在本节中将介绍在 Android 系统中所使用 SQLite 数据库。SQLite 数据库是模块化设计，基本上符合 SQL-92 标准，由八个独立的模块或者说三个子系统构成。通过本节学习，可以对嵌入式数据库/SQLite 的底层机制有更为深入的了解。

9.4.1　嵌入式数据库简介

本小节介绍嵌入式数据库的基本概念，以及常用的嵌入式数据库，其中 SQLite 数据是核心内容。

9.4.2　嵌入式数据库体系结构

本小节介绍 SQLite 的数据库结构，对其独立模块和主要子系统（编译器、内核、后端）进行介绍。

9.4.3　嵌入式数据库使用与移植

本小节介绍如何在嵌入式 Linux 中使用 SQLite，SQLite 如何与 Android 相结合，以及如何在不同的硬件平台上支持 SQLite。

第 9 章基本要求：

（1）熟悉嵌入式 Linux 内核的特点及其移植方法；

（2）熟悉嵌入式文件系统，了解主要的嵌入式文件系统，掌握嵌入式文件系统与 Android 系统之间的关系，掌握文件系统在系统中的构建方法；

（3）了解设备模型与驱动程序结构；

（4）掌握主要的板上设备及其驱动开发方法；

（5）熟悉并掌握 SQLite 数据库。

第 9 章重点：嵌入式 Linux 内核移植方法，设备模型与驱动程序结构，文件系统在系统中的构建方法，主要的板上设备及其驱动开发方法，SQLite 数据库。

第 9 章难点：嵌入式 Linux 内核移植方法，文件系统在系统中的构建方法，主要的板上设备及其驱动开发方法。

第 10 章　嵌入式软件调试

Android 上层应用开发提供了全面的工具，以 JDK + ADT + SDK + Eclipse/IntelliJ 构成的 Android 应用开发环境，是传统 IDE 开发环境，对于快速学习和开发 Android 应用程序提供了良好的平台基础。但是底层软件开发需要使用不同的调试工具链，因此，本章对调试方法进行介绍，以及介绍在需要调试时，应使用的工具及其如何使用。

10.1　GDB 调试器

GDB 支持多种硬件平台，也支持多种编程语言；既可以进行本地程序调试，也可以进行远程调试，并可以进行内核调试。通过本节内容，可以初步建立起对 GDB 的认知，并掌握一般的使用方法。

10.1.1　GDB 简介

本小节介绍 GDB 的基本概念，使学习者对 GDB 有初步的了解。

10.1.2　GDB 工作原理

本小节介绍 GDB 的工作原理，说明 GDB 是以何种方式来进行调试工作的。

10.1.3　GDB 使用方法

本小节介绍基本的 GDB 使用方法，并通过实例来对 GDB 调试过程进行介绍。

10.2　远程调试

本节介绍 GDB 远程调试。本节的核心内容是使用 GDB Server 进行调试。GDB Server 本身的体积很小，能够在具有很少存储容量的目标系统上独立运行。通过使用 GDB Server 进行调试，帮助获取信息，从而改进和优化程序。

10.2.1　远程调试原理

远程调试是在开发用计算机与目标机之间建立连接，从而能够获取目标机的信息。远程调试实现对目标机的系统内核和上层应用的监控和调试。本节主要介绍对系统内核等程序的调试。

10.2.2　GDB 远程调试

本小节介绍 GDB 远程调试的不同方法，其中，主要介绍基于 GDB Server 的远程调试。

10.2.3　使用 GDB Server

本小节通过一个程序实例，来介绍如何使用 GDB Server 进行远程调试。

10.3　内核调试

内核不与特定进程相关，因此需要为内核调试提供特定的支持。本节首先介绍内核调试技术，其次介绍基于 KGDB 的内核调试。

10.3.1　内核调试技术

本小节介绍内核调试技术，包括 Linux 内核调试支持、内核调试的配置选项、常用的内核调试工具。

10.3.2　KGDB 内核调试

本小节介绍 KGDB 内核调试工具和方法，包括 KGDB 调试的原理，KGDB 的安装和配置，使用 KGDB 进行内核调试的方法。同时，本小节通过实例来介绍 KGDB 调试。

10.4　网络调试

本节介绍在进行底层开发时，如何对网络进行调试，包括基于 Socket 的编程及网络调试工具 tcpdump 的使用方法。

10.4.1　Socket 编程简介

本小节介绍 Socket 编程的基本概念和主要编程方法，并通过实例来介绍网络调试。

10.4.2　网络调试工具 tcpdump

本小节介绍网络调试工具 tcpdump 的使用方法，并将通过实例来介绍网络调试。

第 10 章基本要求：

（1）熟悉 GDB 的调试原理与基本调试方法；

（2）了解远程调试原理，并掌握 GDB Server 的使用方法；

（3）了解内核调试技术，并掌握 KGDB 的使用方法；

（4）了解网络调试技术，并熟悉 Socket 基本编程方法，掌握 tcpdump 的使用方法。

第 10 章重点：GDB 的调试原理与基本调试方法，GDB Server、KGDB 和 tcpdump 的使用。

第 10 章难点：GDB Server、KGDB 和 tcpdump 的使用。

第 4 章　大学计算机专业的课程群设计

4.1　专 业 建 设

4.1.1　专业建设规划

根据计算机专业的整体特色，制定专业建设的整体体系框架，如图 4.1 所示。在该体系框架中，通识教育平台课程包括两个部分，分别是人文社科课程和自然科学课程。通识教育平台课程为人才的培养提供基本的人文素养基础和泛学科基础。学科基础平台课程由工科专业基础课程构成，是为培养学生的工科基础而设置的。通过通识教育平台和学科基础平台，学生可以具备专业内容学习的良好根基。以此为基础，并行设置专业课程、专业实践、前沿技术与科研训练。其中，专业课程又分为专业核心课程、专业方向课程和专业选修课程。专业核心课程是以学科为导向所设置的公共专业基础课程。专业方向课程是各个不同专业根据专业特点而设置的定制课程。专业选修课程则是面向不同专业的扩展性专业课程。专业实践、前沿技术与科研训练都具有交叉性，既兼顾各专业特色，又兼容不

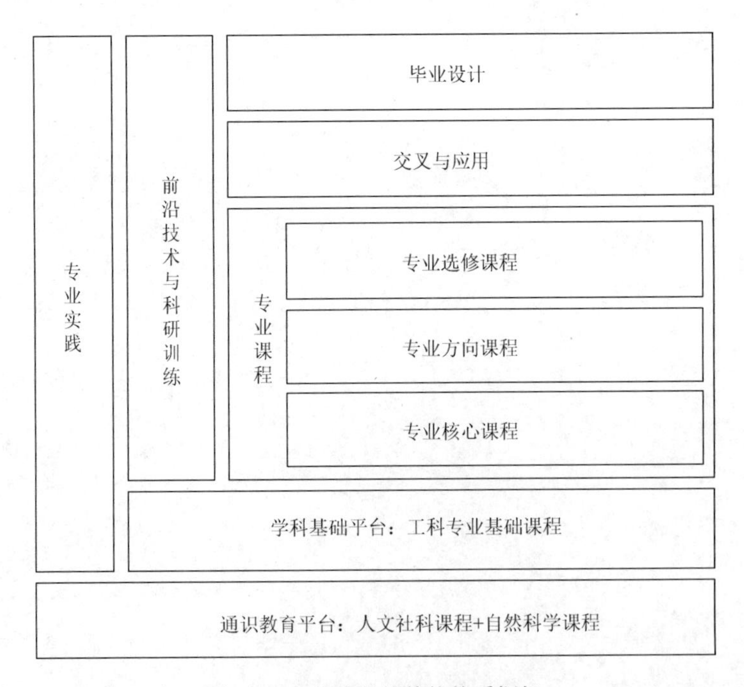

图 4.1　专业建设的整体体系框架

同专业的交叉。其中，专业实践是以各专业内容为基础所开展的实践；前沿技术与科研训练则是在专业理论与实践基础上的扩展，目的在于培养学生对专业领域的了解和把握，具备基本的科研素质和创新思维能力。

在整体体系框架之下，各个专业根据本专业的特点，进行课程、实践、实训、创新训练等方面的定制[56-60]。在实践、实训和创新训练过程中，不同的专业又可以通过具体的实践内容进行交叉，具有一定的融合和渗透，从而扩展学生的视野，实现专业之间的共通。

4.1.2　专业建设的设计

大学计算机专业以计算思维的培养为中心，以计算机系统观为核心，以专业课程群为依托，建立全面立体化的培养体系[61-66]。旨在完成学业后，使学生具有深厚的计算机专业理论基础、扎实的专业实践能力和较好的创新思维及实践能力。

1. 专业培养体系

大学计算机专业从通识教育平台课程与学科基础平台课程为依托，突出专业课程之间的相互联系，构建出本专业的课程群；通过专业实践、前沿技术与科研训练，强化专业实践能力与创新能力；通过交叉与应用训练解决实际应用中与计算机相关的问题；通过毕业设计来进行综合性的训练。

2. 专业课程体系

大学计算机专业的专业课程体系以专业核心课为基础，通过专业方向课培养计算机系统观与实践能力，并开设大量的专业选修课程进行专业领域扩展。大学计算机专业课程群如图 4.2 所示。

（1）专业核心课程。主要包括程序设计基础、数据库系统原理、计算机网络、计算机组成原理、数字逻辑与数字系统、操作系统、软件工程、数据结构、Java 编程技术、编译原理、数值计算基础、算法设计与分析等课程[67-74]。

（2）专业方向课程。主要包括接口与通信技术、嵌入式系统、单片机技术等课程。

（3）专业选修课程。主要包括网络管理、嵌入式系统设计与开发、计算机视觉、专业英语、网络工程、图像处理、EDA 系统设计、Oracle 数据库技术、Java EE 架构、Linux 内核与程序设计、软件设计模式、.NET 架构、人工智能导论、足球机器人理论与实践、计算机图像、计算机安全与网络编程等课程。

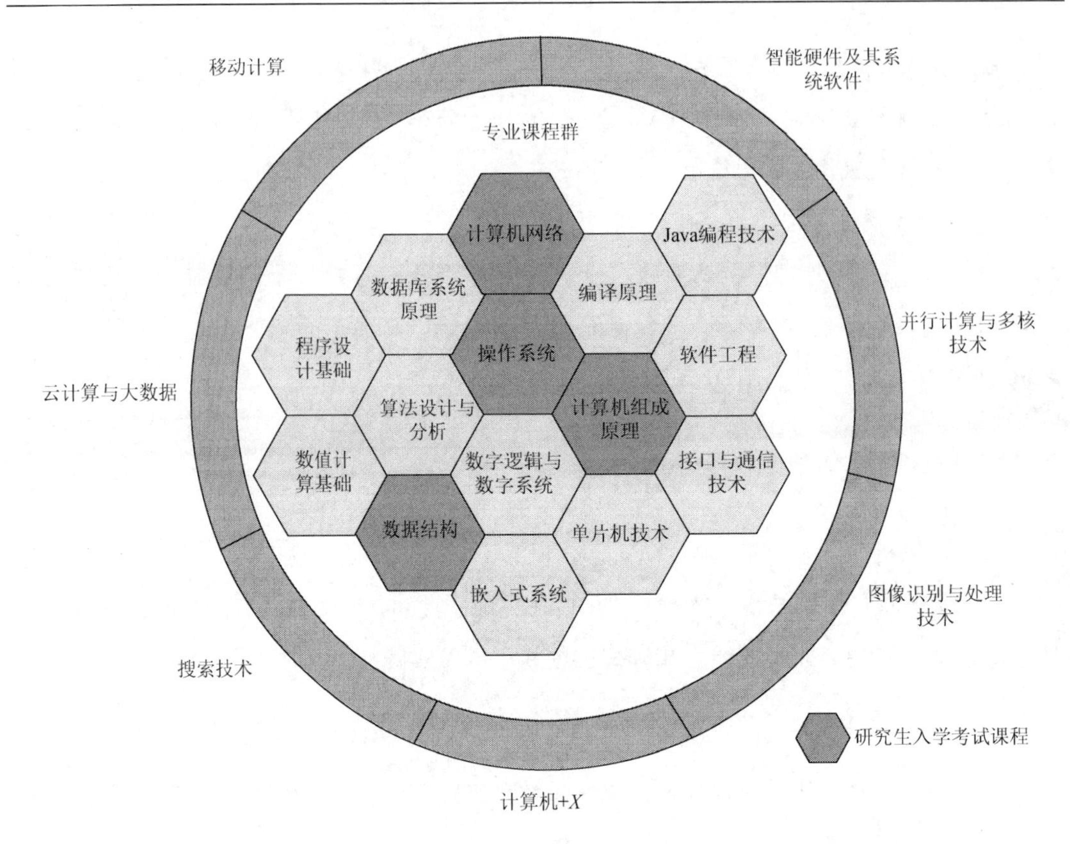

图 4.2　大学计算机专业课程群

3. 专业发展与职业发展

（1）学生要端正心态，做好全力学习的心理准备。专业知识的学习和能力的提升，不是一蹴而就的事情，需要大量的时间和精力投入，更需要持之以恒、坚持不懈的意志[75-80]。进入计算机科学与技术专业后，需要端正心态，将主要的精力放在如何更好地提升专业能力上来，做好全力学习的心理准备。

（2）学生要提前预备，做好专业方向的发展规划。“凡事预则立，不预则废”。计算机专业的学习经历，可以为个人奠定良好的专业基础及其相应的实践能力[81-86]。在专业学习的基础上，根据个人发展的需要，结合实际的专业发展进展，做好专业方向的发展规划，并为之不断奋斗。

（3）学生要立足根本，打好专业能力的理论基础。解决实际问题需要以深厚的专业理论为基础。在专业课程群中，每一门课程都是整个专业理论的重要环节。在学习过程中，需要充分重视对专业理论课程的学习，认真学习专业理论，打好理论基础。

（4）学生要注重实践，积极训练和提升专业技能。计算机科学与技术专业的理论需要与实践结合才能真正具备专业综合能力。在理论基础之上，积极参与到专业实践当中，依托专业竞赛、课外科技活动等多种方式，提升专业技能，培养专业素质。

4.2　课程整体规划

1. 基础与应用并重，建立特色化的课程体系

在课程体系的建设中，以适应经济和社会发展需求为目标，不断完善课程体系设置。根据强基础、重应用、兼顾应用和基础的教学培养模式，对课程体系进行设计调整，强调课程模块和实践教学内容体系按照专业培养目标组织教学。

既重视理论知识的传授，又重视对学生实践能力的培养及综合素质的提高；建立特色化的专业模块，引入企业精英进行实践教学指导，并通过专业模块组合建立起符合专业发展和社会需要的特色课程群。

建立具有“本科生导师制”“项目导师制”特色的专业，教师将学生引入自己的科研，将科研和教学相结合，全面提升学生的动手实践能力和创新能力。

2. 以素质培养为中心，建立面向提升学生综合能力的培养方案

以素质培养为中心，结合企业对计算机人才的需求特点，对人才培养方案和专业教学计划进行修订和优化；以综合能力培养为中心，构建理论、实践、创新三位一体的教学资源配置方案。

传统实验课程以验证性实验为主，缺乏对学生综合应用的能力培养。为此，专业教学应建立设计型、创新型的实验模式，培养学生的实践动手能力。

3. 加强教学条件建设，建立理想教学环境

不断完善教学的规章制度，不断改进教学的运行机制，创新管理方式。

更新符合专业发展需要的仪器设备；持续改进实验室环境，保证设备的可用性与即时性。

借鉴国内外优秀教材特色，加强专业教材建设。鼓励以科研成果、科研课题作为典型案例，修订再版教材内容。例如，组织教师编写相应的课程与课程实践教材，作为对国内外著名理论教材的补充，构建立体化教材体系。

建设精品资源共享课程，实现校际的资源共享。

4.3 课程教学方法

4.3.1 教学大纲的制订

教学大纲是开展教学工作最基本的支撑。为了面向21世纪培养高素质信息学科创新型人才，必须要有高水平的教学计划、教材建设、课堂教学与教学实践，力求所有的教学环节充分反映计算机科学技术与产业的前沿研究水平，并与未来的发展趋势相协调。解决好知识体系的先进性与稳定性的关系是本科教学中的一个关键问题。学校必须认识大学教育的基础性和通才教育的特点，重视计算机专业公共基础课程的教学。教学计划和教学大纲的制定严格按照如下程序进行。

根据学校和专业的定位，以专业的教学经验积累为基础，充分研究国内外一流大学的课程结构，制订满足本专业教学工作需要的整体计划；然后以本专业的培养目标和定位为依据，制订专业层面的教学计划；再按照课程群与课程组，对课程内容、教材教案、实验实践进行整体与局部结合的研讨与调整，形成具体课程层面的教学安排；最后通过领导、督导和教师的听课、反馈和调整，来确保教学计划的实施和优化。

4.3.2 教学方法、教学手段改革的措施

1. 与时俱进，开展持续创新的教学改革

结合专业特色与社会需求，开展持续性的教学思想改革，不断探索教学模式、教学手段、教学方法等各方面的创新；将视野扩展到整个国际上的本专业教育发展，站在更高的角度，与国际接轨；通过基于自身基础的自我更新与具有国际视野的经验吸收，建立具有可持续发展能力的全新教学理念，实现教学思想的突破与教学观念的创新。

2. 任务驱动，采用项目导入与案例导向的教学方法

以“因材施教、个性化培养”为改革理念，形成具有基本理论基础、学科前沿知识、基础实验、综合设计型、创新研究型的层次化理论与实验体系；通过学习任务来推动学生积极学习，通过案例为学生学习提供参考模板；依托各类科研项目激励学生主动学习。通过以任务驱动的项目导入和案例导向的教学方法，学生可以积极地学习理论知识和开展实验工作，从而具有自主创新能力、团队合作能力和科学研究能力。

3. 教研互动，推动教学内容与学术研究的相互促进

积极探索教研结合型教学模式，坚持以高水平的科研促进教学的创新性思维，充分发挥团队的科研优势，通过研究点及其之间的相关关系贯通教学内容与学术研究内容，提炼教学内容、教学案例，并将之与具体的实验实践相联系，将新的知识点融合到教学当中，达到科研与教学的高效结合，使两者相互促进。

4. 学研相长，培养研究型学习能力

将教学与学术研究结合起来，以承担的国家级和省部级项目为支撑，以学生的实际能力为依据，抽取合适的研究点设计微课题，并指导学生参与。可以组织博士生、硕士生与本科生构成科研组，开展论文阅读、学术研究与科研分享。培养学生形成良好的科研素质，支持学生提出的创新项目，并对创新项目提供经费和支持，从而培养学生的研究型学习能力，以学带研，以研促学，学研相长。

4.3.3　促进学生学习方式多样化方面的措施

传统的学习方式把学习建立在人的客观性、受动性和依赖性的基础之上，忽略了人的主动性、能动性和独立性[87-93]。通过转变学生的多样化学习方式，转变这种单一的被动的学习方式，提倡和发展多样化的学习方式，特别是提倡自主、探索与合作的学习方式，使学生的主体意识、能动性和创造性不断得到发展，发展学生的创新意识和实践能力。

激发兴趣、乐趣，鼓励自主参与。成功的课堂能吸引每一个学生情不自禁地参与进来。这就要求教师在组织课堂学习时，善于创设情景、激发兴趣。例如，结合 IT 行业的时事热点，以学生较为关心和感兴趣的事件为例，从中引发出相应的课程案例，促使学生探索和解决计算机科学中的基础问题，参与软件设计和开发的应用实践。

第 5 章　大学计算机专业课程设计

5.1　嵌入式系统课程设计

嵌入式系统是以应用为核心进行定制的计算系统，融合了多种技术并与具体行业的需求相结合。经过多年的发展，嵌入式系统已经得到了广泛的应用[94-100]。半导体技术的进步则使得摩尔定律将在十年内继续保持有效，嵌入式芯片的面积将得到进一步的高效利用，在性能获得持续提升的同时，其功耗和价格也在不断地下降。这就意味着嵌入式系统的应用范围将进一步扩大，成为无所不在的计算装置。尤其是随着无线网络技术的发展，嵌入式系统正快速地从孤立存在的设备转向通过网络互联互通的网络化设备。嵌入式技术的迅速发展为应用的扩展提供了良好的基础，但同时也使得嵌入式技术的更新速度加快。这就意味着在高校中开展嵌入式系统教学面临着新的挑战。

嵌入式系统课程是理论与实践相结合、理论与实践不可偏废的课程。在开展课程建设和教学活动的过程中，要注重在理论教学的基础上，通过各类实践活动来锻炼学生的动手能力，培养学生在嵌入式技术方面理论学习与实践动手相结合的综合素质。在近年来的教学中，由于嵌入式技术的不断发展，使得嵌入式课程建设不得不面对迅速更新的教学内容、不断进步的硬件平台以及各种创新的应用开发需求。这就使得课程组需要将课程建设既立足于已有基础，同时也要紧跟技术的进步，不断推动嵌入式课程的建设与优化，使得嵌入式课程能够良性发展。

5.1.1　基于凌动处理器的嵌入式系统课程建设

在嵌入式系统相关课程中，嵌入式处理器是关键的内容。随着嵌入式技术的发展，嵌入式处理器的发展也日新月异[101-104]。从传统的单核嵌入式处理器，正逐渐向双核乃至多核的嵌入式处理器发展。同时，随着嵌入式设备本身功能的不断增强，其应用日益丰富，人们对嵌入式处理器的性能和功耗等方面也提出了更高的要求。例如，由英特尔公司推出的凌动处理器，就是面向嵌入式领域的典型处理器。凌动处理器延续了英特尔公司在处理器设计方面的深厚积累，同时也将嵌入式系统对处理器的要求加入处理器设计当中，从而能够为嵌入式系统提供更好的计算能力。

嵌入式处理器的发展是嵌入式教学必须面对的挑战。通过对嵌入式技术的准确把握，即时将新发展融入课程建设中，构建更为符合嵌入式发展趋势、满足教学要求的嵌入式课程。在进行课程建设时，将凌动处理器给嵌入式系统带来的变化引入课程中。首先从整个课程体系的角度，建立系统化的课程体系优化；其次根据嵌入式处理器的技术发展，对嵌入式课程的教学内容进行即时的更新；最后在原有嵌入式教学实践的基础上，设计新的实践方式，实现新的教学内容及其实践的一体化。

5.1.2　嵌入式课程体系的优化

在嵌入式教学模块中，以面向本科生的嵌入式系统结构与操作系统课程为课程模块核心。该课程的教学目标是介绍嵌入式处理器的系统结构，并引入嵌入式操作系统的概念，将两者结合起来，使得学生能够对嵌入式系统有整体的了解。在嵌入式系统开发课程中引入嵌入式软件的开发内容，与嵌入式系统结构与操作系统课程的内容形成连续性。而在研究生课程中，则将嵌入式处理器所采用的具体原理及其技术纳入课程中，进行深入的讲解，使学生“知其所以然”。

在引入凌动处理器的最新发展后，将其主要技术内容划分为三个模块，分别是凌动处理器的特点及其基本架构、面向凌动处理器的系统开发方法和凌动处理器实现原理。其中，凌动处理器的特点及其基本架构是核心和关键内容。学生在学习嵌入式系统结构与操作系统课程之前，已经完成了计算机组成原理等相关前置课程的学习，并具备了一定的实践能力。因此，将该部分内容置入嵌入式系统结构与操作系统课程中，学生具有学习的基础。将面向凌动处理器的系统开发方法置入嵌入式系统开发课程中，学生将学习如何在基于凌动处理器的实验平台上进行操作系统的移植和嵌入式软件的开发。凌动处理器实现将原理置入研究生课程中，作为凌动处理器更为深入的技术介绍，成为课程中的一个专题内容。

通过分别引入凌动处理器的技术，保持了课程的延续性，形成了新的一致性，即凌动处理器技术内容在各个课程中的合理分布，实现了对嵌入式课程体系的有效优化。

5.1.3　嵌入式课程教学内容更新

凌动处理器是源自英特尔公司的技术，但是由于凌动处理器面向的是嵌入式领域，因此，它与传统的 IA 架构有一定的差别，有其自身的特点。本书将整个凌动处理器相关的教学内容划分为如下知识点。

1. 凌动处理器体系结构

该部分主要介绍凌动处理器的体系结构。凌动处理器与传统 IA 架构是有区别的，可以从这些区别着手，将凌动处理器的体系结构与传统的 IA 区分开来；然后详细介绍凌动处理器本身的架构特点，包括其片上存储器设计、存储访问特征及其指令集等，并引入面向凌动处理器的汇编语言的介绍。

2. 面向凌动处理器的操作系统级开发

该部分主要包括 Boot Loader 的开发与操作系统本身的移植。Boot Loader 是嵌入式系统的操作系统启动前运行的引导程序。Boot Loader 将完成系统硬件的初始化等工作，因此是与硬件相关的。这部分内容主要介绍如何选择并为凌动定制 Boot Loader。而操作系统本身的移植则是将应用转向凌动所必需的步骤。这部分内容主要介绍如何选择一个合适的嵌入式操作系统并完成其移植工作。

3. 面向凌动处理器的驱动及应用软件开发

该部分主要包括为基于凌动处理器的平台进行驱动的开发，并在操作系统支持下开发应用软件。主要内容包括设备驱动、图形驱动、软件开发工具和相关的开发方法。

4. 软件性能调优

嵌入式系统资源有限，为了提高程序性能，就需要进行软件性能的调优。该部分主要内容包括凌动处理器平台上的性能调优方法、凌动处理器性能调优工具（包括单核和多核的调优）、功耗优化技巧和方法。

5. 凌动处理器性能与功耗优化技术

凌动处理器上采用了众多的优化技术，来提高性能、降低功耗。这是凌动处理器在设计上的创新。这部分内容可与嵌入式技术的前沿相结合，将微架构设计、节能计算等领域的技术与凌动处理器的具体实例进行结合分析。

5.1.4　嵌入式教学实践的设计

在嵌入式系统相关课程教学实践方面，首先将与凌动技术相关的实验设计加入已有的实践活动当中。可以为凌动教学内容设计有针对性的基础实验和综合性实验，作为基本的实践内容。基础实验主要帮助学生理解基本的理论知识，并具备初步的凌动平台上的动手能力。而综合性实验则要求学生完成一个较为全面的实验，提升其实践能力。同时，学校可以支持学生进行基于凌动平台的各类实践和创新项目。学生可以提出任何与凌动相关的创意，并在经过学校批准后在凌动平台上进行实践。这使得学生能够获得在实际平台上的充足实践机会，提高动手能力。

此外，鼓励学生依托自发组织的技术社团，自行组建开发小组。开发小组可向学校申请凌动平台，并在凌动平台上进行自由的发挥。在开发过程中，学校不干涉开发小组的工作，仅在必要时给予指导。开发小组的创意由学生的技术社团进行评估。在实施过程中，可向学校申请技术指导。开发小组的工作存在两种结果：一种是成功实现了创意，另一种则是由于各种原因导致了失败。学校随后帮助开发小组进行分析成功和失败的原因。尤其是对于失败的案例，将在技术社团内部进行充分的讨论和分析。同时，两类案例在经过总结后，可成为课程的一部分，为所有的学生提供实践经验。

这种实践方式不同于传统的实践方式。在传统的实践方式中，往往追求的是成功实践。而在这种实践方式中，允许学生出现失败的案例。成功和失败的案例都将成为学生实践活动的宝贵经验，并锻炼学生锲而不舍的精神。通过失败案例的分析，学生能够深入的了解问题所在，进行改进从而提高自己的能力。

5.2　双语课程建设

计算机技术的发展日新月异，大量的计算机基础研究和教学方面的成果，是以英文文献、教材等形式出现。因此，如何在计算机学科中开展双语教学，将计算机领域的新发展引入课程中，是国内计算机教育需要解决的重要问题之一[105-111]。为解决这一问题，我国部分高校已采用中文/英语的双语教学模式。通过双语结合来完成教学任务，培养合格的计算机人才。

双语教学作为重要的教学手段，已在多个学校中得到了应用，证明双语教学能够提高教学效果[112-114]。以计算机组成课程为例，介绍双语课程的建设。作为计算机基础学科的计算机组成课程，同样面临着知识更新等方面的问题，需要在课程教学中采用双语教学方式，以更好地开展教学活动。在充分调查国内外开展双语教学经验的基础上，结合专业计算机组成课程的实际情况，对课程教学开展可持续的双语教学改革。

5.2.1　双语教学的基本模式

在采用双语教学模式的课程中，根据课程的不同，可以采用不同的方法。例如，Xiao

等介绍了他们在计算机专业课程中开展的双语教学实践经验，主要讨论了在双语教学模式中，双语教学的可行性、基本教学形式、课程的安排，以及在教学过程中的问题及其解决方法。Liu 介绍了专门为嵌入式系统课程设计的双语教学模式，首先讨论了教学目标、教学计划、教学实践及双语教学评估等方面的基本模式，然后以嵌入式系统为例，进行了针对性的分析。

从现有的双语教学研究可以看出，在计算机及相关专业的课程中采用双语教学，其基本模式是立足于教材、课件和授课对象，对教学方法与手段等方面进行面向课程的针对性分析和设计，具体实施双语教学，这也是计算机专业课程中双语教学的基本模式[115-120]。同时，现有研究也表明，在计算机专业课程中采用双语教学模式能够有效提高教学效果，使学生能够通过双语教学掌握教学内容。

5.2.2　改进的双语教学模式

在计算机组成课程设计中，包括两个部分，分别是理论教学部分和实验教学部分。在进行教学内容设计时，也分为这两个部分。在这个过程中，根据教师的相关科研和教学经验，对课程进行双语教学模式的探索和改进。

计算机组成的教学既包括教师的教，也包括学生的学；既包括传统基础理论，也包括计算机组成方面新的理论和技术的发展；既包括一般的英语水平的培养，也包括计算机专业术语的培养；既包括普通课堂实验，也包括在新的硬件平台下，对计算机组成知识的综合应用实践[121-125]。因此，在实施双语教学过程中，需要确立双语教学的模式，并兼顾各个方面。通过实践，总结了改进的双语教学模式，如图 5.1 所示。

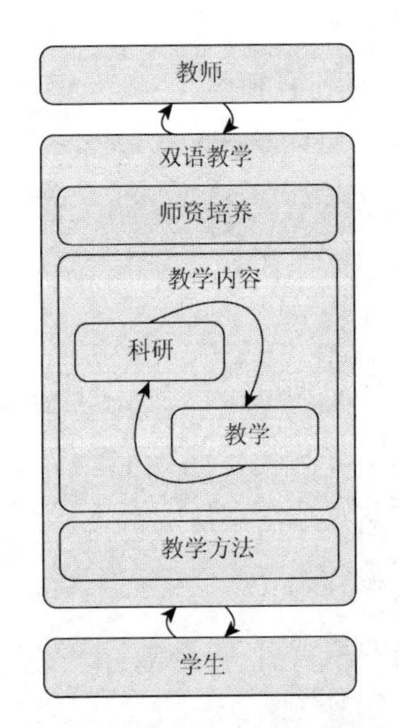

图 5.1　改进的双语教学模式

在改进的双语教学模式中，不再单纯地从教材、课件等内容出发，而是以教学经验的总结和实际教学需要为基础，立足于科研实践活动，将两者结合起来，共同形成新的不断更新的教学内容。在实践方面，不断地更新实验平台，与计算机产业的发展保持基本的同步。

同时，在教学过程中，要注重对师资队伍的培养，通过多种方式来提高教师对双语教学活动的开展能力。在此过程中，由浅入深、逐年改进，通过教学方法方式的创新和提升，将双语教学不断地推动，使学生能够顺利地接受这种教学方式，从而改进教学效果。

这种改进的双语教学模式，以多重融合为特征，具有多层次全方位的特点。该模式既考虑了教师和学生的能力培养，又结合了教学和科研，能够较好地满足教学的需要。

5.2.3　教学与科研结合

在双语教学中，充分地挖掘教师在教学和科研两方面的优势，将两者结合起来，形成教学与科研互动的教学局面。

根据教学和科研经验，对教学所采用的教材进行精心选择。一方面，在众多的国外教材中进行遴选，挑选适合的教材；另一方面，根据课程组的科研和教学经验，结合在长期的教学活动形成的实际教学需要，自行编写教材。同时，由于计算机技术的迅速发展，一些进展往往不能很好地体现在教学活动中，这就需要教师自行编写一些辅助材料，如英语教材、英语作业、英语课件、中英文混合讲义等，丰富双语教学形式。

此外，在教学过程中，教师可以将教学与科研经验相结合，不局限于教材本身，重在培养学生对知识的实际掌握能力。在讲解过程中，通过对设计出发点、设计改进等方面，逐步开展；结合英语教材等材料中的内容安排特点，开展学生与教师的双向反馈的双语教学，从而培养学生扎实的基础。

5.2.4　双语教学师资的培养

双语教学的开展需要良好的师资力量。师资力量的培养是开展双语教学模式创新的重要方面之一。在计算机组成课程中，主要通过以下三种方式来培养双语教学师资。

（1）对教师的再培训是培养双语教学师资的重要手段之一。在再培训中，以科研为依托，由主讲教师中的学术带头人和教学科研骨干，从国内外科研和教学更高的层次对教师进行再培训，不断提高教师的专业能力。还可以派遣教师赴国外进修和学习，通过学习国外大学的相关经验，来提高教学水平。同时，也可以对教师进行英语培训，提高教师的英语水平，以保证双语教学的顺利开展。

（2）通过英语教学内容的编写培养教师的双语教学能力。计算机学科的大量文献是以英语的形式发布的。这些文献对于科研活动和教学活动都是重要的参考资料。课程组可以根据教学情况和科研情况，制定相应的文献翻译计划；并安排教师根据教学情况和学生的学习情况，编写相应的英语辅助教学内容。通过这种方式，教师的英语教学水平可以得到提高。

（3）通过推动国内外大学教师的交流来提高教师的双语教学水平。教师可以总结教学经验，完成教学论文，发表在相关的国际会议论文集上。鼓励教师参加国际会议，并与国外的同行进行交流。这样的交流可以使教师实时了解国内外计算机系统方面的教育发展情况，即时对教学情况进行探讨，获得第一手的教学发展，也可扩大课程的影响力。与此同时，这种面对面的交流，极大提高了教师的双语能力。

5.2.5 双语教学方式创新

在计算机组成课程方面，仅仅依靠于学校的力量，不能完全地满足教学与实际的需要。因此，通过学校与相关企业和国外高校进行合作，来进行双语教学方式创新，提升教学效果。

在科研方面，邀请一些国外企业的资深技术人员来到学校，与教师进行面对面的交流，以增进教师对计算机工业发展方面的了解，使教学更加贴近实际的需要。同时，邀请一些企业的资深技术人员为学生开设专题讲座，提高学生的学习兴趣，开拓学生的视野。

通过与国外的高校建立良好的学术交流机制，邀请国外知名的专家学者到学校讲学。这些专家学者根据他们自身的科研和教学经验，从不同的角度进行阐述，能够促进计算机专业教学研究的进一步思考和改善。

5.3 连续式课程建设

半导体等技术的快速发展极大地推动了嵌入式技术的进步，嵌入式系统也得到了更为广泛的应用。特别是随着无线移动宽带网络的发展和普及，移动嵌入式设备正在成为网络接入的主要设备[126-130]。新的应用场景的出现使得嵌入式系统未来的发展前景更加广阔，对嵌入式人才数量的需要也不断地增加，对人才质量的要求也在不断地提升。由此也推动了高校中嵌入式相关课程的建设和完善。嵌入式系统课程是计算机及相关专业的重要课程，国内外众多学校均开设了相关课程，培养了嵌入式方向的专业人才。本书在本科生嵌入式系统相关课程建设的基础上，对研究生嵌入式相关课程建设进行了探索，以嵌入式人才培养为核心，将本科生和研究生嵌入式系统相关课程作为一个有机的整体来进行连续式课程建设方案的设计。

嵌入式系统是根据应用的需要，采用计算机技术，对软硬件进行裁剪，从而满足定制要求的专用计算机系统[131-135]。嵌入式系统的设计和实现受到具体应用环境的限制，在功能、性能、可靠性和成本等方面都有较为严格的要求。随着半导体技术的发展，芯片的集成度在不断提高，芯片的性能也在不断得到提高，而与此同时，芯片的价格和体积却在持续降低。此外，移动互联网的飞速发展，使得移动接入成为互联网接入的主要方式之一。因此，嵌入式系统的应用范围正在进一步的扩大，意味着嵌入式系统正在成为无所不在的系统。嵌入式系统的技术进步和应用扩展使得嵌入式人才培养成为当前需要解决的问题。高校是嵌入式人才的重要来源，开设嵌入式课程是高校提供社会服务的必然需要。

嵌入式课程既要关注到理论教学，也要结合实践，提高动手能力；既要考虑工程开发的需要，也要培养具有创新能力的高水平人才。嵌入式系统课程是理论与实践兼备、理论与实践结合紧密的课程，如何更好开展课程建设，培养出高素质的人才，是嵌入式技术不断发展的背景下，所提出的挑战。其核心包括：嵌入式系统教学内容的安排；嵌入式相关实践能力的培养；嵌入式系统方向创新能力的培养及跨学科的创新设计与实践能力。以计算机专业教学为背景，在本科生嵌入式相关课程基础上，将研究生嵌入式课程纳入整体的课程建设当中，形成本科生、研究生连续式的课程建设方案，从而培养出符合不同层次需要的高素质嵌入式人才。

5.3.1 连续式课程建设的设计

在面向嵌入式系统的连续式课程建设中，将课程的建设分成如下层次，如图 5.2 所示。

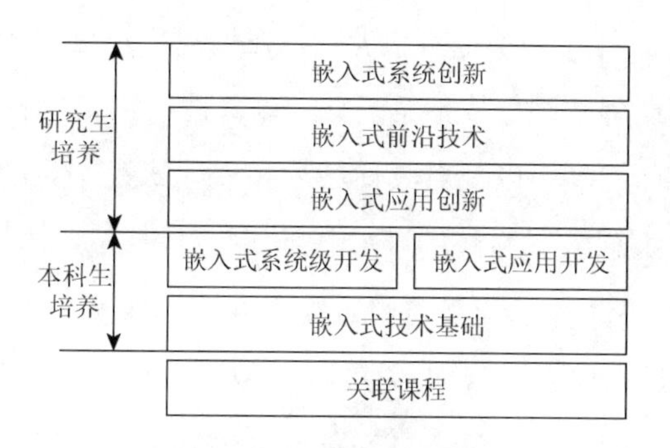

图 5.2　课程建设层次

嵌入式系统强调理论与实践的结合，需要有一定的知识和能力基础[136-140]。这就是所有层次之下的基础层次，即与嵌入式系统课程相关联的课程，主要包括计算机组成原理、程序设计语言、数字系统设计、操作系统等课程。这些关联课程为嵌入式课程的开展提供了良好的基础。在完成关联课程的知识学习和能力培养后，再进入嵌入式技术基础层次的课程建设。该层次包括的教学内容是嵌入式硬件相关知识、嵌入式操作系统相关知识及其实践实验训练。随后是嵌入式开发层次，包括嵌入式系统级开发和嵌入式应用开发。在这一层次开展培养学生设计与开发能力的课程建设。

在上述课程建设中，强调的是基础、知识和技能。而接下来的课程建设中，则强调创新。首先是嵌入式应用创新，即在既有的嵌入式系统设计与开发能力上，能够针对具体的应用领域或者场景，综合知识和技能来发现问题并解决问题。在此过程中，能培养学生的创新思维能力，让学生掌握创新的基本方法，并能够实现应用研究及其创新实践。然后通过嵌入式前沿技术，将嵌入式技术的最新发展、产业界的新动向等引入课程当中。通过这一层次的课程建设，将学术性内容和科研方法更深层次地导入教学当中，提高学生对前沿内容的掌握程度，进一步激发学生的创新动力。最后，通过嵌入式系统创新，让学生在自己专业领域上，将自己的研究方向与嵌入式进行结合，开展系统级创新，从而实现从基础到前沿，从应用到研究，从工程到学术的培养路径。同时，在上述设计中，对于优秀的本科生，根据其实际的知识和能力基础，将其纳入研究生培养的各个层次当中。从而将本科生的培养与研究生的培养构建出一个连续的层次，同时又能够区分开来。

5.3.2　连续式课程建设的实现

1. 课程的设置

在课程设置上，分别设置三门课程，分别是嵌入式系统、嵌入式系统设计与开发、嵌入式系统原理与技术。嵌入式系统是本科课程，在计算机组成原理、程序设计语言、数字系统设计、操作系统等课程的教学完成后开设。该课程的主要内容是介绍嵌入式系统的概念、嵌入式体系结构和指令集，以及对具体芯片和嵌入式操作系统的简单介绍。通过该课程，学生能够熟悉并掌握嵌入式系统的硬件基础，并对系统级软件具有较好的把握。嵌入式系统设计与开发是本科课程，其主要内容是嵌入式应用软件的开发。目前该课程讲述Android应用开发，并适当地引入其他移动应用开发的内容，作为扩展知识。在完成这两门课程的学习后，学生已经具备了嵌入式系统开发的知识和技能。嵌入式系统原理与技术是研究生课程，该课程的主要内容包括对嵌入式前沿技术的介绍，以及对嵌入式学术研究的方法和主题等相关内容的阐述。通过该课程，学生能够进一步了解嵌入式技术的发展。

由于课堂的授课时间有限，在进行实际的课程建设时，可采用专题训练的方式作为课堂授课的补充。以嵌入式系统级开发的专题训练为例，在嵌入式系统课程之外，密切联系Linux操作系统、Java 程序开发、嵌入式系统设计与开发等课程，根据“ARM + Android”开发的深度，综合其关键的技术要点和开发方法，设计系统的“ARM + Android”专题训练内容体系。这个体系包括四个层次：首先是ARM Cortex-A8 体系结构与硬件平台资源的介绍，该部分内容与嵌入式系统课程内容相关联；其次是 Android 系统的内核介绍，本部分内容与 Linux 操作系统、嵌入式系统设计与开发等课程相关联；再次是基本的系统级开发环境，以及 Boot Loader、内核与驱动程序开发，本部分与 Linux 操作系统等课程相关联；最后是各种调试方法的介绍。这种专题训练方式使得课程体系内的各门课程能够更为紧密地联系在一起。

2. 实践的设置

实践是嵌入式系统课程建设的核心组成。在进行连续式课程建设过程中，一方面要保证与理论相结合的基本实践的开展，另一方面要扩展实践环节，在基本实践基础上，强调创新实践能力的培养。在具体设置上，可以通过建立学长组、微课题/项目、开放实验室、竞赛、社团等多种方式来开展。

嵌入式系统既需要理论的理解和掌握，又需要在实践训练上提高开发能力。学校可以建立以研究生和优秀本科生为核心的学长组，为参加嵌入式相关课程的学生提供不同方面的支持。一方面，每个学生都能够得到足够的面对面的指导，提高实践效率；另一方面，在指导过程中，也可以不断地提升学长组成员的知识积累和实践能力。在不断的交流和讨论中，研究生和本科生均可以获得知识的增长、能力的提高，形成良好的学习和实践氛围，并构建出可持续的长期机制。

为激发学生的创新思维，在既有学生团队基础上，鼓励和支持学生团队参与各类竞赛。将团队的项目与竞赛的主题进行结合，一方面完成项目，另一方面通过竞赛获取更多的有效信息，并积极改进。通过竞赛当中的竞争可增强学生完成项目的能动性，从而积极地进行项目的深入探索，进一步培养学生的创新和实践能力。

在学生团队不断发展扩大的基础上，引导学生自行组织各种学生社团。学生社团的组建和管理完全由学生自行处理，各自有完整的社团章程和制度。社团可以接受来自相关方向上的专业技术支持。例如，武汉科技大学“微软技术俱乐部”获得了微软公司正版软件的支持，并面向全校开放；定期获得微软公司的开发技术支持和讲座等。通过社团与课程组的协同，课程教学与课外教学活动形成良好的对接，成为教学互动的良好渠道。

5.4　一体化定制在线课程建设

随着教学改革的不断推进，本科生和研究生的教学质量得到了提升，课程建设不断取得新的成果。同时，随着计算机和网络技术的发展，以移动互联网和移动接入设备为代表的移动计算正在成为新的教学基础设施，建设新型的在线开放式课程成为顺应高等教育发展方向的必然选择[141-145]。针对计算机专业教学的既有基础，以未来技术发展的趋势为导向，本书提出内容可定制的研究生一体化开放课程建设思想。以在线开放式课程建设为目标，在完整的知识体系下，将本科课程的高级内容和研究生教学内容按照知识点进行切分，构建网络化、立体化的知识结构，并形成专业方向上的一体化。研究生可根据个人的研究方向和知识基础，进行学习内容的自制，突破传统意义上分门别类的课程限制，从而为研究生课程提供新的建设思路。

5.4.1 在线开放式研究生课程建设的特点

研究生教学突出对学生科研素质的培养，强调研究生创新能力的提升，与本科教学的不同点在于，学生进入研究生阶段后，其研究方向已基本确定。要达到研究生教学的目标，需要从培养研究生创新能力的方法、研究生导师的有效指导、研究生课程建设等多个方面进行探索和研究。在研究生课程建设方面，有的研究人员以系统论为支撑，探讨研究生课程教学机制，也有研究人员深入探索与分析研究生课程体系。两者都是从课程建设的角度，开展研究生培养方式方法的研究。研究表明，通过研究生课程建设的改革，能够有效提高研究生培养质量。

传统研究生课程按照知识内容，将研究生阶段的教学内容分割成以课程为界限的模块。当前计算机网络已经成为高等教育的重要基础设施，同时移动互联网的发展使智能移动设备成为主要的网络接入设备。宽带网络条件为研究生课程建设带来了新的契机，即开展在线开放式研究生课程建设。

在线开放式研究生课程通过网络与信息技术提供在线的优质教学资源，并为研究生提供新的学习体验。在线开放式研究生课程具有开放、在线、定制化的特点，课程可以面向研究生开放，也可以面向部分高年级本科生开放，增加了受众范围。学生在任何时间与任何地点都可以通过网络进行学习。教学与学习形式同样具有开放性，通过短视频、高频率测试、多次互动等方式，推动教师不断进行教学改进，促进学生的学习进展，并拓展课程本身的资源。在线开放式研究生课程的所有教学资源均上传至网络，通过相应工具进行管理，并通过知识点进行连接，进而打破传统的课程分隔，对于学习者构建准确的知识体系有极大的裨益。通过课堂的内容重组与定制，结合学习者生成的教学资源，将传统的授课形式变换为学习者主动学习的深度学习模式，提高了学习效率。学习者可以根据个人的学习特点和节奏进行内容定制，按照个人的需要进行学习，进而有效提高学习者的积极性。此外学习者的学习过程将以数据的形式保留并得以日后分析，帮助课程和学习者进行改进。

5.4.2　一体化知识体系与知识点

研究生培养注重的是在既有知识基础上的新探索和新发展，从而要求研究生的知识体系及其课程内容以更深层次的知识结构、围绕学科前沿进行构建。在进行课程建设时，需要以能力提升和知识探索为根本出发点，形成与本科教学内容具有明显差异、体现研究生培养本质特征的知识体系。在线开放式研究生课程建设，其关键点即为知识体系的构建。在传统研究生课程知识体系基础上，不再对知识内容做条块分割，而是以专业课程为核心，按照知识内容的内在联系进行知识体系的构建，建立一体化知识体系。通过一体化知识体系，基于本科基础知识，进一步夯实理论基础，加强对学科前沿理论的把握与认知能力，培养学生的创新能力和与之对应的实践能力，从而实现学术性探究与专业实践能力的融合发展。与此同时，需要认识到课程教学是知识传播的重要通道，在课堂教学中能够实现主体的知识体系框架的构建。因此，以课堂教学为基础，在一体化知识体系的基础上，对知识体系中的内容按照知识点进行重构，一方面依托课程进行深层次的知识层次构建，另一方面以知识点为节点，构建全局性的知识网络。研究生通过对知识点网络的探索与扩展，培养研究生的实践与创新能力。

知识点的划分并不是独立于既有课程，而是依托于既有课程。知识点的划分首先来自既有课程，根据既有课程为整个知识体系提供知识点集合，多门既有课程的知识点集合共同构成知识体系中的一个知识点集合。在此基础上，以研究生培养目标为出发点，对知识点集合进行梳理和重构，根据整体培养方案和知识核心，将不同的知识点连接起来，形成具有高度连通性的知识点体系，进而使一体化知识体系的内涵更为完善。这些知识点构成的网络，就成为研究生开展学习和探索的脉络，从而将知识内容重建为清晰的有机结构。对于特定课程，可以按照课程要求进行知识点组合；而学习者在学习课程内容的同时，可以根据知识点网络进行扩展。通过一体化知识体系、知识点、既有课程三者的相互作用，保持既有课程与知识点网络之间的有机联系，打破课程本身对知识内容的天然分隔，形成课程扩展与学生能力培养的互相促进。

5.4.3　内容可定制的在线开放式课程建设

对研究生来说，由于学习基础、能力与具体研究方向的不同，对不同知识内容的兴趣和需求程度也不同。传统的研究生课程以各个课程进行知识结构的构建，因此学习内容的定制性以课程所要建立的知识结构为标杆，兼顾学习者个人的特点。而这正是内容可定制的在线开放式课程建设的要义所在，其主要构成包括以下三个方面：基础在线开放式课程平台的建立，以知识点为中心的教学资源聚集，以及基于交互和学习者创建内容的教学资源扩展。

1. 基础在线开放式课程平台的建立

内容可定制的在线开放式课程，其基础是实现课程的在线，这是进行课程建设的必然要求，即必须建设基础的在线开放式课程平台。该平台主要包括课程接口、知识体系、教学资源、资源管理、在线工具和用户接口，如图 5.3 所示。

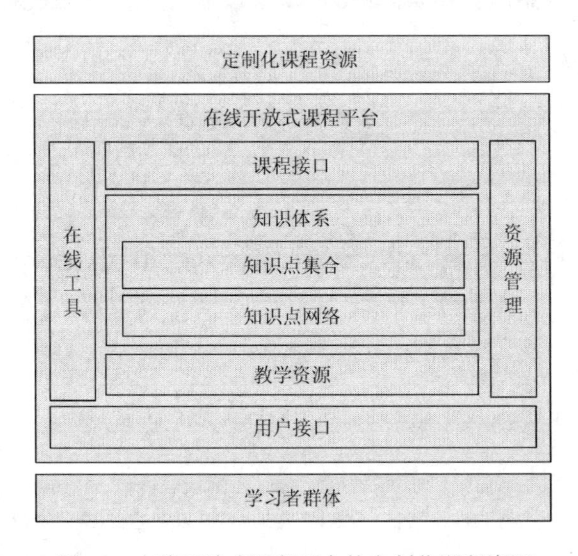

图 5.3　在线开放式课程平台的定制化课程资源

知识体系即以研究生培养目标和培养方案为基础，综合各门研究生课程的教学内容形成的整体性知识内容架构，在该内容架构中包括知识点集合和知识点网络。知识体系和初始知识点集合由既有课程而来，在实际应用过程中会不断扩展。教学资源是围绕知识点形成的全部教学资源集合，以知识点为中心，整合原来分散在不同课程中的教学资源，形成由知识点承载的动态化教学资源集合。形成有效教学资源集合后，通过资源管理进行教学资源的选择、分配和组合等定制操作，并通过在线工具实现各种功能。课程接口为具体的课程提供对应的教学服务，通过该接口，课程可以按照其特色组织知识点及其对应的教学资源，并提供教学延伸，从而实现课程的定制化与开放平台的有效结合。用户接口则面向学习者群体提供对应的教学服务，学习者可以根据个人的学习特点，进行个性化知识点集合的定制，并获取相应的教学资源。

2. 以知识点为中心的教学资源聚集

通过知识点的划分与连通，整个教学内容形成了一个以知识点网络为基本框架的结构。所有教学资源按照与知识点的关系进行重新聚集，并根据在线开放的要求，提供新的教学资源形式和内容。通过新的教学资源聚集方式，形成以知识点为中心的教学单元及其教学内容，以知识点为中心的学习资源集合，以知识点为中心的微视频资源集合，以知识点为中心的单元测试题集合，以若干知识点组合形成的主题为中心的主题测试，以大量知识点汇集形成的课程为中心的课程测试。通过新的教学资源组织方式，教学资源通过连通的知识点形成动态的资源组合。教师从课程的角度，按照知识点建立本课程的知识点体系，并进行教学资源的组合；同时在课程知识点的基础上，进一步提供关联知识点。学习者则根据既有知识点的情况，按照学习与研究的方向、进度等，进行知识点结构的规划和以教学资源为蓝本的学习资源的汇集；还可以通过既有的知识点学习情况，更好地安排新知识点的学习进度。以知识点为中心的教学资源聚集为教师、课程和学习者都提供良好的资源组织形式。

3. 基于交互和用户创建内容的教学资源扩展

在传统的研究生课程建设中，教师是交互和内容创建的中心，而且由于学生习惯于被动接受教学内容，这就使交互和内容创建不能够完全满足实际的需要。在线开放式课程中，教师和学习者共同构成一个新的交互环境，教师不再是交互的中心，只作为整个开放式课程的重要参与者。各类学习者共同参与扩大交互范围，使交互范围更大，并且充分激发学习者进行主动交互。这样的交互环境给予了教师灵活的交互时间，不同研究生课程的教师可以深度参与到交互当中来，形成良性的交互环境。在线交互打破了课程之间的限制，这就使相同学科的不同方向甚至不同学科之间都可以形成良好的互动氛围，从而促进学科的交叉与发展。

在内容创建方面，研究生课程往往需要关注学科方向的前沿，而在线开放式课程具有更大的灵活性，可以更快捷方便地进行内容的创建和共享，给教师提供更好的内容更新渠道。同时，由于学习者的主动参与，在交互过程中同样会形成大量的有效资源，创建出新的内容资源。学习者在学习过程中，可以将学习所得体会、完成的案例、视频等作为内容资源提供给平台，经过资源审核后以知识点为中心形成新的教学和学习资源。通过上述方式，极大地丰富了教学资源的来源，从而使教学内容更为充实。

内容可定制的一体化在线开放课程建设，以研究生所需的知识内容为基础，以既有课程为依托，构建出以知识点为基本支撑的一体化知识体系。在该知识体系基础上，构建在线开放式课程平台，提供基本的课程工具；通过课程所有参与者的共同作用，形成内容可定制的学习方式，并创建出新的资源，不断对课程进行扩展，从而为研究生课程提供新的建设思路。

第 6 章　大学计算机专业师资队伍建设

6.1　师资队伍与学科建设状况分析

建设具有较高学术水平、教学经验丰富、综合素质高的教师队伍是确保本科教学工作质量的关键因素[146-150]。围绕本科教学工作，实施人才提升计划，将学科建设与教学工作有机结合，培养和引进结合，新教师和老教师相互促进，形成一支学历基础高、职称和年龄分布合理，以中青年教师为骨干，老中青结合，具有可持续发展能力的教师队伍。

师资队伍的建设与学科建设进行紧密的结合，在发挥学科优势、培育和发展新兴学科的基础上，进行本科教学力量的动态调整和优化。将具有优良科研素质和教学能力的中青年学术骨干充实到本科教学工作的第一线，积极引进师资，充实师资队伍，建设学缘良好、年龄分布合理、学历层次高的稳定多元化教学队伍。

（1）选菁拔锐，培养结构合理的高水平教学团队。从教学改革的需要出发，由具有丰富教学和科研经验的教授牵头，注重青年教学的培养，建立一支适应现代计算机高等教育，年龄结构、学历结构、学缘结构和职称结构合理的高素质骨干教学团队。

（2）学研产结合，打造双师结构型的教学团队。积极与专业相关业界领先企业合作进行师资队伍建设，完善教师到企业实践、邀请企业高水平技术人员加入教学团队中的制度，构建专职教师与企业教师相辅相成的双师结构型教学团队。

（3）教研相长，推进教学理念和教学方法的不断更新与提升。突破旧有教学思想，将教师的教学与科研进行有机的融合，用科研来为教学水平的提高提供强大的驱动力；同时，以教学水平的提高来反哺科研，以教促研，以研促教，教研相长，创新教学理念、教学方法，提高研究水平。

（4）合作交流，形成具有国际化视野的师资力量。完善合作交流制度，推动同行、兄弟院校、不同学科之间的合作交流，积极开展国际交流，建立持续稳定的合作关系形成立体化全方位的人才合作交流机制，促进教学团队人才的培养。

6.2　教育教学水平

6.2.1　政策措施与效果

1. 培养与引进结合，建立一支高素质的教学团队

针对计算机专业的特点和要求，结合技术的进展与前沿，开展教学团队的建设，培养在专业领域内具有一定影响力的学科带头人。

提升教学团队的知识结构，全面提高博士学位覆盖率，构建由学科带头人、教授、副教授、讲师为核心，以合作师资队伍为辅助的高水平教学队伍，形成教学梯队。

加强中青年教师，尤其是青年教师的培养，建立新型的青年教师培养机制，保证教学力量的可持续发展；改善和优化教师年龄结构，积极引进培养和引进高层次人才，支持青年教师赴国外知名大学进行中长期的交流，引进国内外知名大学的人才。

2. 学研产结合，校企合作共同推进教学团队的建设

以教学为中心，以科研为支撑，充分利用国家级特色专业的优势，将计算机专业的教学与科研和产业结合起来，积极开展与专业相关企业的合作。与业界领先企业合作，建立联合实验室和人才培养示范基地，进行联合科研与开发，扩展视野，提升教师的专业素质与工程实践能力。

建立“计算机 + X”的合作机制，每年派出教师，到相关企业实践，参加专业和企业需求结合的工作，一方面为企业解决实际问题，另一方面通过在企业进行实地的调查和工作，了解社会的实际需求，提高解决实际问题的能力；邀请知名企业专家参与学院教学工作，与企业共同遴选合适的人员，作为本专业相关课程的企业教师，构建企业教师队伍，将来自企业的经验和技术融入教学的不同环节当中；同时建立健全企业教师评价机制，确保企业教师队伍的质量。

3. 教学与科研结合，坚持以高水平科研提升高水平师资

依托本专业科研力量，每年申请并承担一定数量的国家级、省部级科研项目，通过科研项目不断提升教师创新能力，扩展视野。

以科研项目为基础，每年可组织 4 次研讨会，培养教师将专业技术中的深层内容与国际发展前沿以恰当的方式引入教学当中，促进教学与科研的良性结合。

每年组织 3～6 次教学与科研相关的 T2T（teacher to teacher）讲座与培训，在教学团

队中分享教学与科研的经验与教训，进而改进教学与科研方法和手段。

每年提供 3～5 项专门的教学与科研结合的项目支持，提高教师开展教学创新的积极性，激励教师主动积极地开展教学与科研创新。

4. 注重合作交流，提高专业的发展层次

每年选派 2～3 名青年教师前往国内外知名大学的相关专业进行短期或者中长期的交流，学习国内外大学先进的教学经验。

支持与鼓励教师撰写并在国际会议和期刊上发表教学论文，并前往国外参加教学会议，参与国际化教学研讨，学习国外经验，扩大专业影响力。

邀请国内外知名的大学教师和学者前往学校开展交流活动，通过讲座、研讨、短学期教学等多种方式，进行交流，保持本专业的先进性，提升专业发展水平和层次。

6.2.2 专业水平与教学能力

积极促进高等教育与经济社会发展紧密结合，主动适应经济发展方式转变和经济结构调整，优化教师队伍、实验实践教学人员，以及教学辅助人员的专业知识结构和教学能力。

1. 遵循高等教育基本规律，坚持“以人为本”的建设原则

一方面，通过企业人才需求调研及专业市场需求分析，建立校企联合培养机制，成立校企联合培养专家小组，共同制定专业实验、实践培养方案；另一方面，将学校的主讲教师队伍与面向实验、实践的教学人员相结合，共同制定理论指导实践、实践检验理论的互补知识体系，从而全面提升教师队伍的综合知识结构、教学能力。同时，提高学生的计算机理论水平和工程实践能力。

2. 选拔培养“双师型”教师，实现资源共享

有计划地安排主讲教师和实验教师到 IT 企业、高等院校进行考察、交流互访，鼓励实验教师参与企业科研课题，全面提高教师团队的工程实践和团队协作能力，逐步形成教学、实践的无缝融合，建立起教学经验丰富、技术储备强，集科研、教学和工程应用为一体的专业师资队伍。

此外遴选具有丰富工程实践经历、科研功底深厚的优秀教师组成导师组，为学生选课、学习方法及发展方向提供具体指导，主讲教师、实验教师共同完成理论课程、实践课堂、实践训练一体的教学任务。

6.3　教师教学投入

课程主讲教师均应具有讲师以上职称。对于新任教师，必须参加学校的新教师岗前培训。对于新任教师，安排经验丰富的老教师进行专门的教学指导，观摩教学，协助新任教师（包括课程的新任教师）进入授课教师的角色。严格执行教育部 2005 年 1 号文件《关于进一步加强高等学校本科教学工作的若干意见》规定，要求所有教授、副教授为本科生授课，在岗位考核方面作为重要的依据。除在国外、境外进修访问和经学校批准到地方挂职的教师之外，具有高级职称的教师 100%为本科生授课。教师以科研项目为基础，将项目中的适当部分抽取出来，进行重塑，形成微课题，支持与鼓励学生参与科研项目。

6.4　计算机硬件课程师资队伍建设

在大学教育中，大学教师是大学各类服务的主要提供者，是大学教育的核心资源。如何对大学教师的师资队伍进行建设，提高教师能力成为世界各国大学共同面临的一个问题。在长期的教学过程中，许多教育研究者根据他们实践经验的总结，提出了多种实践方式。在这些实践方式中，将提高教师教学能力作为师资队伍建设的核心。通过提高教师能力来推动教学的发展。

在大学教育当中，计算机专业由于其学科发展迅速，对培养合格的计算机人才具有很高的要求。尤其是对于从事计算机教育的教师来说，具备高水平的科研和教学能力才能够胜任。在目前国内外计算机学术水平具有一定差距的情况下，如何开展计算机专业的师资队伍建设，对于促进计算机教育进步具有重要作用。

在计算机专业当中，计算机硬件通常作为该专业及相关专业的基础课程来设置。学生对计算机硬件知识内容的掌握，对后续学习计算机专业内容起到了基础性作用。计算机硬件课程具有知识内容丰富，实践能力要求高等特点。尤其是近年来，多核、片上系统等新技术层出不穷，使得计算机硬件课程的内容更为丰富。在这样的情况下，教师的科研和教学能力相辅相成，在教学中起到了重要作用。推动计算机硬件课程的师资队伍建设成为课程建设的重要组成部分。

6.4.1　师资队伍建设体系设计

计算机硬件方面的技术领域涵盖范围较广，同时，由于半导体技术的发展，计算机硬件方面的技术变化也较快。在进行教学时，教师需要具有深厚的积累，对教师的能力要求很高。由于计算机硬件课程自身的特点，开展师资队伍的建设，需要根据这些特点进行设计以符合学校的整体目标和实际教学的需要。

在师资队伍建设中，对教师的知识、技能和实践能力的培养是核心。知识、技能和实践能力三者构成了教师能力的主体结构。而对教师知识、技能和实践能力的培养，不是短期能够完成的。这需要根据学校的教学和科研积累，结合技术发展的主流和来自业界的实际需要，设计出对应的培养体系，以能够形成可持续的发展，构建出优秀的师资队伍。

对教师能力的培养，具体来说既包括教师的专业知识及其相关能力的培养，也包括对教师教学能力的培养，两者相辅相成。因此，在对教师能力进行培养时，依托于计算机硬件课程的教学基础和本专业在计算机硬件方面的科研积累，设计的师资队伍建设体系包括：以科研项目基础的教师科研能力培养，以教研结合、教学交流为基础的教师教学能力培养，以合理分布持续发展为指导方针的教学团队的建设。

其中，以科研项目基础的教师科研能力培养是指以专业的计算机硬件类及相关方向的科研项目为依托，积极推动教师加入一线科研当中，从科研活动中获得深厚的知识积累；同时，以科研骨干为主导，对教师进行知识扩展、知识更新。以教研结合、教学交流为基础的教师教学能力培养是指除传统的听课等方式外，以国内外培训、研讨、国际会议交流等形式，积极推动教师在教学思想、教学手段和教学方式上的提高和创新。以合理分布持续发展为指导方针的教学团队的建设是指有计划、有目的地促进教学团队中的教师年龄、教师学历等的分布，提高教师在教学团队中分工的合理性。通过上述的师资队伍建设体系可形成良好的计算机硬件教学师资队伍。

6.4.2 师资队伍建设实践与分析

1. 科研与教学结合

在计算机硬件方面，科研与教学结合模式如图 6.1 所示。

师资队伍建设采用四种方法，来提高教师的专业知识和技能。

（1）从事计算机硬件课程教学的教师，基本上均在相关的课题组开展科研工作。科研工作要求参与者首先具有深厚的基础知识，其次要对领域内的发展非常熟悉，并具有开展科学实验的动手能力。这些能力均在科研工作中，逐渐培养，形成较好的专业能力。

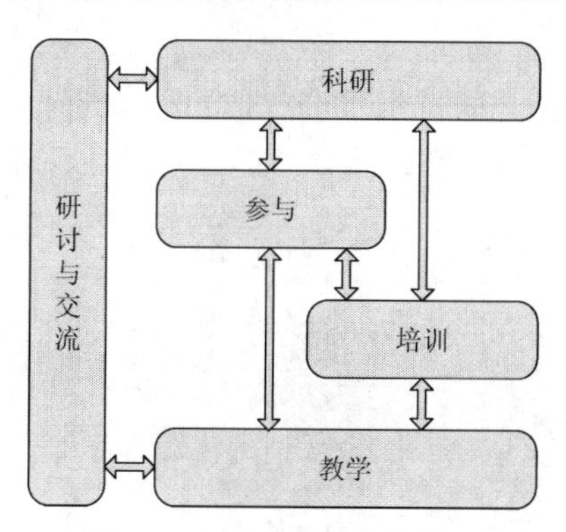

图 6.1　科研与教学结合模式

（2）安排针对计算机硬件课程教师的培训计划。在该培训计划中，主讲人是科研项目中的学术带头人和科研骨干，他们一般也具有较丰富的教学经验，对科研和教学的结合把握得较好。通过这样的培训，一方面，能够扩展教师的知识领域；另一方面，能够以具体的实例使教师对如何进行科研与教学的结合有深入的了解，对于开展教学工作有积极的作用。

（3）建立学校与计算机硬件公司良好的合作关系。在计算机硬件方面，业界往往是技术发展的重要推动力量。因此，以科研合作为依托，邀请这些公司的资深技术人员到学校来与教师进行面对面的交流，对于扩大教师的视野，提高教师对技术发展的认识有较大帮助。同时，通过与国外高校的合作，邀请国外知名大学的教授学者到学校开展讲座讲学，促进教师教学水平的提高。

（4）参加与举办学术论坛，参加国际会议进行学术交流。学术论坛和国际会议是国际上通行的同行交流方式。这种方式通过面对面的交流和讨论，教师能够更好地了解相关技术的发展情况，对国际学术发展等方面有深刻的认识，对于开展教学有积极的推动作用。

2. 教学能力培养

教学能力是教师开展教学工作的基本能力，也是极为重要的能力。这关系到教师所具有的专业能力能够在教师与学生之间顺利进行转移。然而教学能力的培养是长期的过程。为了培养教师的教学能力，采用如下的方法。

（1）为新教师设计新教师培训计划。对新教师的培养关系到师资队伍建设尤其是教学事业持续发展和不断创新的根本所在。在新教师的培养方面，可设计新教师培养计划，以保证教师队伍的持续发展。新教师的培训过程如图 6.2 所示。

首选基础理论扎实、具有较强业务能力、科研水平较高同时对从事教育事业有持之以恒的热情的人才作为硬件课程组的教学培养对象。这些教师有针对性地接受培养以成为合格的教师。他们将有计划、有步骤地安排课程教学的各个环节，包括课件设计、备课、听课、讲课、批改作业、答疑、讲习题、指导实验、指导课程设计等工作。与此同时，课程组选择具有长期教学经验的老教师，对这些教师的工作进行指导和监督，以保证培养质量。

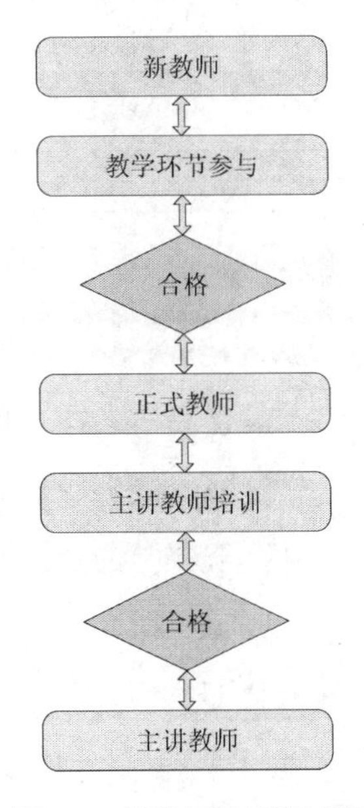

图 6.2　新教师的培训过程

（2）组织师资培训班，提高教师水平。计算机硬件类教学对知识和实践能力的高要求，使得师资培训成为重要环节。为了培养合格的师资力量，学校可依托多年的教学经验和科研积累，举办相关的师资培训班。通过师资培训，既能够对新教师进行培养，又能够促进教师与全国硬件类课程教师的交流，有力地推动了教学师资的发展。

（3）组织教学研讨会，进行广泛的教学经验交流。硬件课程组在两个方面开展硬件类的教学研讨会，来进行教学经验的交流。

一方面是组织各类的硬件类课程研讨班。这些硬件类课程包括嵌入式系统、多核体系结构等。研讨会在国内多个地区开展。在每个大区依托主要高校。这些课程均与近年来硬件方面的快速发展具有深刻的关系。在这些课程方面开展研讨班，能够在国内各个高校之间进行教学经验的交流。既可以促进教师的教学经验增长，也可以在国内高校中形成良好的经验交流环境，促进共同发展。

另一方面是组织计算机系统与硬件方面的国际教学研讨会。通过举办国际研讨会，成功地将国内外计算机系统与硬件相关教育的研究者吸引到一起，对分享教学经验，具有非常重要的作用。

3. 整体结构改进

良好的师资队伍还包括合理的教师年龄等分布，这种合理的分布能够保证教学团队的可持续发展，为教学活动的长期高效开展带来根本保证。

6.5 教师发展与服务

6.5.1 教师队伍建设及发展规划的措施与效果

计算机领域的不断发展，以及知识内容的不断变化，对教学提出了很高的要求，需要不断地改进教学内容，将计算机领域的新发展融合到教学当中。因此，教学团队或教师水平的不断提升，就成为必然的要求。在计算机科学与技术专业建设中，通过师资培训、教学研讨、进修等多种方式来达到这一目标。通过层次化的组合，教师和教学团队得到提升。

1. 培训与研讨体系的构建

新任教师包括专业新任教师和课程新任教师。专业新任教师是指初次进入本专业的任课教师。课程新任教师是指本专业内初次承担某门课程教学任务的教师。既任教师是指已经承担了某门课程教学任务并将继续进行该门课程教学任务的教师。

专业培训是指进入本专业开展工作前进行的培训，目的是指新任教师能够尽快了解本专业。外部专业培训是指由学校进行的专业新任教师的培训；内部专业培训是指本专业的教师对专业新任教师对本专业进一步的培训。

课程培训。内部课程培训是指由课程的既任教师对新任课程新任教师的培训。外部课程培训是指课程的教师到各类由外校或者机构等举办的研修班等多种不同方式进行专业进修。

课程研讨。内部课程研究是指课程组内部、专业内部就课程教学开展的研讨。外部课程研究是指参与到由兄弟院校、企业等共同参与的课程研讨会进行专门的交流和分享。

专业研讨。内部专业研讨是指相关教师就本专业的内容建设、课程设置、知识网络扩展等进行研讨。外部专业研讨是指参与到兄弟院校、企业等共同参与的专业发展研讨会进行专门的交流和分享。

专业发展培训。外部专业发展培训是指由本专业教师参与的相关专业发展培训，如专业认证培训班等。内部专业发展培训是指对本专业教师开展的专业内的专业发展相关的培训。

2. 教研结合，坚持“以高水平科研带动高水平师资”

鼓励教师将教学与科研进行结合，在科研中奋发进取，通过科研工作来加深对专业的了解，扩展专业素养，通过科研来促进教学，通过教学来反馈科研。

3. 积极推动教师参加师资培训

通过师资培训来提升教师水平，获得新的教学理念和方法，保持思想的创新性，开展持续的教学改革。

6.5.2 青年教师培养的措施与效果

1. 青年教师的专任指导教师

专任指导教师一对一地对青年教师进行辅导，负责指导青年教师在各个教学环节中的学习和熟悉过程，指导青年教师开展听课、助课；指导青年教师熟悉各种实验，参与实验报告评阅等。青年教师首次任课前，专门安排全体教师及有经验的退休教师听试讲课，给青年教师指导，并在青年教师开课后的两轮课，由指导教师对他们进行跟踪教学并共同进行教学法研究。

2. 开展青年教师教学竞赛

以全省的青年教师教学竞赛为指导，组织层次化的青年教师教学竞赛。以课程组为单元，开展课程组内教学竞赛；然后在课程组之间进行教学竞赛和教学观摩；并选拔优秀青年教师参加学院、学校的教学竞赛。同时，在各级教学竞赛期间，要求青年教师积极参加，进行观摩和学习。

3. 建立良好的奖励/惩罚制度，通过制度来约束

采用课程群统一设计，各个课程“统一教学大纲，统一教学要求，统一组织考核”的教学方法。教学组督促青年教师积极备课，根据教学大纲开发新的教学课件，并参加教学实验室建设，老教师对青年教师的课件进行评分并提出意见。积极鼓励青年教师根据自己的专长，在教学过程中进行拓展，培养学生的兴趣。

采取随堂听课的方式，对青年教师进行打分，并提出建议。同时，随机抽取学生，听取学生的意见，将意见综合后反馈给青年教师，并督促他们进行改正。

6.6　教学质量保障

6.6.1　教学质量保障模式

教学质量是一个由复杂参数共同构成的系统性概念。高校教学的开展是建立在创造性之上的智力活动，具有其自身的特点；同时，高等学校中的受教育者具有较大的差别，因此教学质量的保障需要从多个方面来进行考量，并需要根据社会需要的变化、专业领域技术的发展来进行动态的优化和调整。

学院将教学质量置于首位，通过多种方式来进行教学质量的保障。首先，将专业评估、专业认证作为专业建设的核心教学质量标准，通过专业评估和专业认证对教学质量的要求，来作为专业建设和教学质量的准绳。其次，充分利用学校的教学质量规范来保障教学质量，包括但不限于教学检查、教学督导、听课记录、学生评价等。其中，既有学校学院整体层面的教学质量保障，也有来自教师的同行评价，学生的评价也作为重要的标准。这样在校内能够较好地从多个方面来对教学质量进行监控和保障。此外，学院还可邀请校外教师、企业人员和已毕业学生参与到教学评价当中，构建来自外部和第三方的评价，从而更好地保障教学质量。

6.6.2　教学质量保障体系的落实

学校建立健全四方监控教学质量保障体系，如图 6.3 所示。四方监控教学质量保障体系就是依据主要教学环节质量标准，管理者以管理制度为规范，督导员以督导制度为指导，教师以教学制度为尺度，学生以评教制度为根据，对整个教学过程进行监督。

学校建立领导听课制度。要求领导必须深入课堂听课，通过听课了解教师的教学态度、教学方法、教学能力、教学效果，以及学生学风及后勤服务保障等。

建立三期教学检查制度。学期初教学检查，即在每学期开学，校领导和各部处、学院领导进行教学情况检查。学期中教学检查，即组织教学督导成立教学检查组，听取学院教学汇报，进行随堂听课，试卷抽查，实习及毕业论文检查，召开教师、学生座谈会等。期末教学检查，即对期末考试、下学期教学准备情况等进行检查。

学校聘任教学督导员，对学校的教学工作进行指导、监督和评价，通过常规检查（如随堂听课、期中教学检查）和专项检查（如试卷检查、毕业论文检查）相结合的方式，对教师教学、学生学习及教学管理进行监督和指导。每学期召开期中教学检查反馈会，介绍

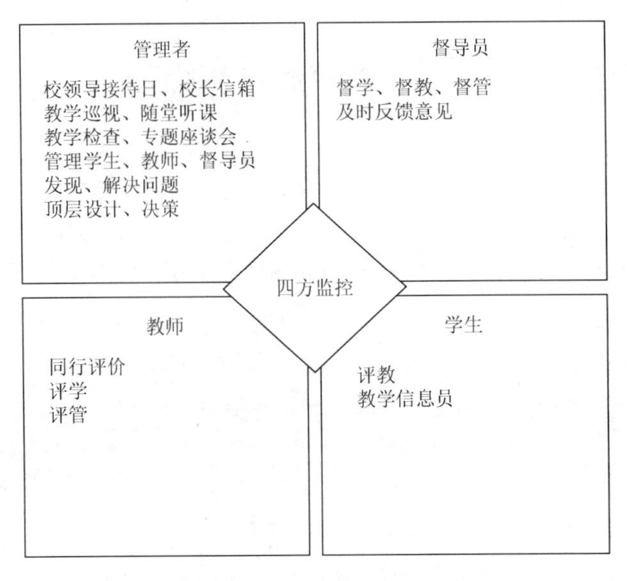

图 6.3　四方监控教学质量保障体系示意图

学院教学中的亮点和存在的问题，提出改进的建议和措施。学校领导、相关职能部门负责人、各学院教学副院长参加会议。学校教学质量监控与评估处根据报告中的问题进行整理和核实，反馈给学院和相关部门，并将整改后的结果进行汇总，对教学质量的不断提高起到积极的作用。

学校可实行教师听课和同行评议，通过相互听课、查阅试卷、互查毕业设计（论文）等方式，查找问题，提出改进意见或建议，使教师成为教学质量评价的主体。

学生对教学质量的监控主要包括学生评教和学生信息员反馈教学信息等方面。教学质量监控与评估处每学期组织学生对任课教师从教学效果、教学内容、教学方法、教学管理及教书育人等方面进行网上评教，同时将评价结果及时反馈给教师，并借此督促教师改进教学方法。

学院可建立教学指导委员会负责的质量监控体系，开展本科教学质量的标准建设和教学质量监控工作。对照培养目标，开展教学质量的监控工作；针对培养方案，由教学指导委员会进行全权的审核；由专业相关教师参与，进行修改和完善。针对各门课程，对教学大纲的内容进行审定，确定教学内容符合学科要求，知识结构合理，对学科交叉的关注度，在教学内容中及时引入学科最新发展成果和教改教研成果，确保课程内容经典与现代的关系处理得当。在对应的实验课程设计方面，审定课程内容的技术性、综合性和探索性的关系，保证能够有效地培养学生的创新思维和独立分析问题、解决问题的能力。同时从教材建设与选用、实践教学环境的先进性与开放性、网络资源建设、网络教学硬件环境和软件资源、教学设计、教学方法和教学手段等方面进行综合性的审核审定。

可以建立学生课堂教学评估指标体系，该体系包括评估指标、评估选项及评估建议。学生课堂教学评估指标（表6.1）主要围绕任课教师在教书育人、教学方法、教学内容、教学管理及教学效果等方面的情况开展评价。评价选项分别为很好（95分）、好（85分）、较好（75分）、较差（60分）、很差（20分），共五级。评价建议主要包括：该教师的教学特色；你对该教师讲授本课程有何建议。

表6.1　学生课堂教学评估指标

指标	权重
教书育人——该教师为人师表、治学严谨，责任心强，能严格要求和关爱学生	2.0
教学方法——该教师注重沟通和启发，教学手段丰富，能多途径指导学生学习	2.0
教学内容——该教师备课充分，熟悉教材及课程内容，讲课条理清楚，能介绍学科最新成果	2.1
教学管理——该教师能严格遵守课堂纪律，课堂管理有序	1.8
教学效果——该教师教学效果好，我觉得很满意	2.1

第 7 章　大学计算机专业的实践体系建设

7.1　实践教学建设

7.1.1　实践教学建设思路、推进与效果

根据各专业对计算机知识的不同需求，以及学生在不同学习阶段对知识的掌握程度不同，本书以培养学生的设计和创新能力为目的，构建多层次实验教学体系，即计算机基础实验教学平台、设计与综合实验教学平台、研究创新实验教学平台、课外创新活动基地，如图 7.1 所示。

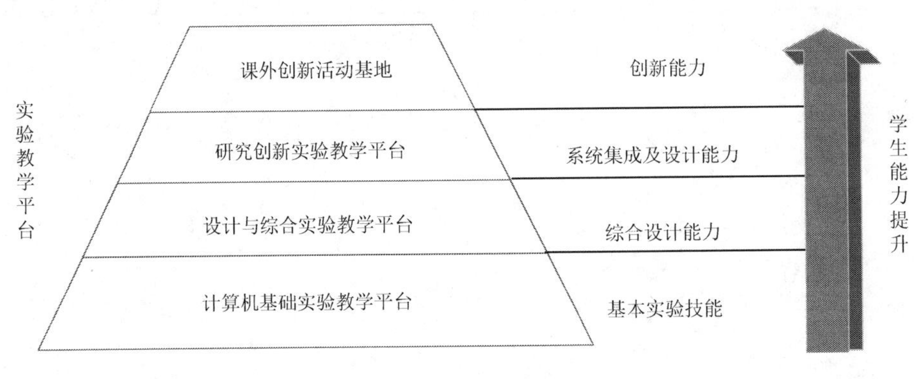

图 7.1　实验教学体系

1. 计算机基础实验教学平台

计算机基础实验教学平台，可覆盖全校计算机类和非计算机类专业学生，为全校各个专业提供多种选择，主要开设计算机科学导论实验、程序设计基础实验、数字系统设计实验等多门基础课实验。将基础型实验与理论课程相结合，使学生在验证理论知识的同时，深刻理解和掌握基本原理知识，激发学习兴趣，训练基本实验技能，并帮助其养成严谨、科学、规范的研究习惯和精神。

2. 设计与综合实验教学平台

设计与综合实验教学平台，有利于学生综合设计能力的培养，主要面向计算机科学与技术专业及相关专业的高年级本科生，也可以为自动化控制等近计算机类的学生服务。通

过综合性的项目实验环节，培养学生分析和解决较复杂问题的能力，逐步培养学生掌握设计创新的方法和手段，使学生的理论知识和实践能力都有较大的提高。

3. 研究创新实验教学平台

研究创新实验教学平台，为学生系统集成及设计能力打下基础，主要依托计算机专业的学科优势，发挥学科支撑与引领作用，构建一些代表学科前沿、具有较强的工程背景的研究创新实验，供学生进行系统级软件设计和研究。学生根据设计项目指标和实验框图等，综合运用所学的理论知识和实验技能，独立完成实验项目的设计、制作和调试，真正实现学生从理论知识到实践能力的过渡。

4. 课外创新活动基地

课外创新活动基地，着力培养学生的科技创新能力，其主要形式有：各种大学生科技活动，直接参与指导老师的科研课题，参与产学研基地的项目等。通过这些创新活动，充分激发学生的创新精神，发掘和提高学生的创新能力。

7.1.2　开放实验室

创建开放实验室，对培养学生的创新意识和创新能力有重要的意义。

（1）大学计算机专业担负着为国家培养大批高质量的计算机技术专门人才的重任，除了向学生传授基本专业知识外，还应着重于对学生的综合能力和基本素质的培养，即开拓创新精神和实际工作能力的培养。

（2）计算机学科是应用性很强的学科，计算机专业是理工相结合的专业。在整个教学环节中，实验教学与理论教学同等重要。而且实验教学相对理论教学更具有直观性、实际性、综合性和创新性，它具有课堂理论教学所不可替代的作用。

（3）信息技术发展迅猛，日新月异。对于一个优秀的信息技术类专业学生来说仅仅完成传统的实验课程所安排的实验训练是不够的，还应积极开辟第二课堂，引导他们面向社会和生产实际开展科技创新活动。

（4）新型的实验室应该建成学生创新精神和实际动手能力培养的基地。在完成正常教学任务的基础上，始终坚持实验室预约开放，全心全意为广大学生服务。通过实验室开放，给学生提供一个自由宽松的实验环境，使学生有充分施展才华的用武之地，是实验教学改革的一种好的形式。

实验室的开放主要有以下三种类型。

（1）自由上机型。为学生提供一个既灵活、宽松，又能广泛接触计算机的环境，满足不同层次的学生上机的要求，为提高学生的计算机应用水平创造条件。

（2）自选课题型。针对高年级本科生和研究生不同基础、能力等情况，向学生提供形式多样并能反映专业技术的实验内容。由学生自选题目或自拟课题，独立完成设计、安装和调试的全过程。

（3）参加科研型。为研究生和本科生结合教师的课题到实验室参加科研活动提供方便。

7.1.3 保障实习实践环节教学质量

通过教学方法创新、评价体系创新、实验室建设创新和管理制度创新，保障实习、实践环节的教学质量。

（1）运用满足培养工程实践能力需要的创新教学方法。根据工程实践教学的需求，本专业将全面调整课程教学内容，加强工程实践环节教学。特别在各梯级实践课程中，改变传统的教学模式，以教师引导组织、学生动手合作、师生互动交流等为特征，培养学生独立思考分析问题能力、创新能力、动手能力、学术交流能力、团队合作与项目管理能力，并培养学生写作研究报告和答辩的能力。

（2）将实习、实践能力引入人才素质评价体系，把企业回馈引入教学评价体系；将工程实践能力和职业素质引入人才素质评价体系，加大实践环节在评分中的比重，以形成专业理论知识和实践能力并重的考核体制，在一些课程中引入团队评分制。

7.2 第二课堂实践

第二课堂具有灵活的教学方式，同时具备多样化的形式。学院可将丰富多彩的第二课堂教学形式与教学相结合，一方面对教学是一个有益的补充，另一方面可以充分地调动学生学习和实践的主观能动性，从而提高教学质量，提升学生的综合素质。第二课堂具有完整的体系，既与课堂教学形成有益的补充，同时也从综合素质和系统能力培养的角度进行建设，形成良好的第二课堂形式和内容结构。在第二课堂体系中，包括以下部分。

（1）组织建设。主要是指由校团委、学生会牵头获得团中央、团省委等表彰的先进集体和个人，旨在培养学生从德育、智育、体育等多方面结合角度的综合素质，不断提升在专业能力之外，具有更高层次的思想水平。

（2）特色团日。主要是特色团组织生活竞赛、新生团组织生活竞赛、团支书演讲比赛，旨在培养学生在组织、自我、宣讲、合作、人文精神等多方面的能力，形成良好的表达和思想。

（3）科技创新与实践活动。主要是全国和省级“挑战杯”课外学术科技作品竞赛，以及学生发表论文/申请软件著作权和发明专利等，旨在激励学生在课堂学习和实践之外，进一步将学习与解决问题、创新实践结合起来，具备更为全面的专业理论和实践能力。

（4）文体艺术活动。主要是支持学生参加大学生艺术团、运动会、体育活动等，旨在鼓励学生具有文体艺术基础，培养多方面的兴趣，提高身体素质和艺术修养。

（5）宣传调研工作。主要是指学生积极宣传本学院共青团工作或活动，具备实地调研的能力，旨在培养学生的动手能力，培养学生对学院、对专业的自豪感，培养学生对国家对学校的归属感，从而树立良好的价值观、人生观和世界观。

（6）学生组织工作的指导。包括学生参与学生会、社团的工作，指导、协调、参与各级各类学生活动，积极推进学院学生工作的开展，旨在提升学生的交际、团队协作能力。

（7）宿舍卫生管理。主要是指宿舍卫生方面，进行具有一定竞争性的评比活动，旨在帮助学生形成良好形成良好的个人卫生习惯和生活习惯。

7.3　浸润式教育

“C ++ 大学生成才浸润工程”是基于计算机学生的专业特点，各子项目均以英文字母 C 开头如生涯唤醒（career wake-up）、目标明晰（clarity of target）、分类引导（classification and guidance）、能力提升（capacity advancement）、梦想起航（come true）等（图 7.2）。该工程纵向以满足学生大一至大四发展的各阶段成长需求为目标，横向以多个子项目的学风建设活动为手段，全面提升学生的综合素质与素养。

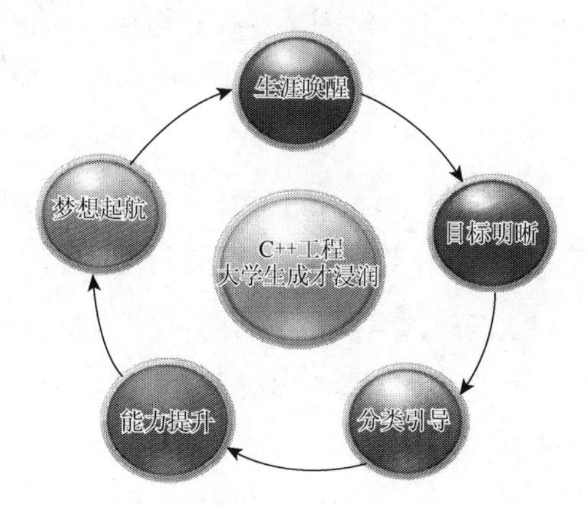

图 7.2　“C ++ 大学生成才浸润工程”系统结构图

调动各类生涯规划资源，开展多种形式活动指导学生做好大学规划，激发学生学习兴趣与动力。尽可能地调动生涯资源，以各种形式开展团体的生涯辅导、朋辈辅导、个性辅导，最大限度地为新生提供关于专业学习、生活实践、发展方向等方面的信息，帮助学生认识自己、了解自己、选择大学发展目标、确立大学发展路径，真正达到“我的大学我做主”。

全方位关注，调动潜在生涯唤醒资源。依托年级辅导员、专业班主任、研究生、专业课教师等资源，形成立体交叉，多元渗透，全方位关注的职业唤醒资源配置方式。开展专业介绍会、学习经验交流会、IT“大咖”讲坛、邮件慢递等活动。

积极性引导，开展生涯唤醒团体辅导。生涯唤醒的团体辅导主要包括邀请有职业生涯规划深厚理论与实践经验的专家从理论角度开展职业生涯规划课程，邀请企业人力资源管理经理从企业人才需求角度谈大学规划，专业教师从课程角度对新生进行入学导航；根据学生特点进行主题班会；根据学生的兴趣组织专场报告会。

贴近化沟通，进行职业唤醒朋辈辅导。朋辈辅导活动主要包括各种形式和主题的与学长的交流会；参加高年级的职业探索活动，继续实施“一个党员一面旗帜”主题活动，实施党代表联系制，选派50余名研究生党员深入新生班级和宿舍，开展思想引领、学业辅导、发展咨询等专项工作。

倾听式谈话，尝试生涯唤醒个性辅导。对于专业存在严重误区的消极情绪的学生作为重点辅导对象，采用“辅导员倾听坊”工作模式，做到以倾听为主，运用在职业生涯规划课程上学到的沟通技巧，让学生主动地了解自己、探索自己，自己学会选择自己的道路。

架构多样化平台，让学生在做中学，在学中做，提升学生创新和实践能力。

围绕大学文化建设、卓越人才培养要求，加强广大青年学生创新教育与实践能力培养，是高等教育对大学生人才培养必不可少的任务之一。依托研究项目培育与申报、专题讲座、学科竞赛、科技创新沙龙、网络互动、报告会等不同形式，不断提升学生的创新意识和实践能力。

搭建长期化的科技讲座平台。针对大学一年级学生，开展专业思想教育、职业规划教育和ACM基础知识培训，强化专业基础知识的学习与兴趣培育；针对大学二年级学生，开展创新思维启发课程和创业基础讲座，举办暑假学校，激发学生学习热情和创新创业意识，营造良好的科技创新氛围；针对大学三年级学生，开设IT前沿动态论坛和专业学术讲座，实施暑假就业见习计划，提高学生专业能力和素质。

构建基地化的创新实践平台。重点培育与扶持一批符合学生需求、适应专业前沿发展需要的专业学习类社团和学习兴趣小组，开展第二课堂活动，营造活跃进取的学习氛围。

打造一体化的学科竞赛平台。出台一系列规章制度，鼓励学生参与科技创新及参加各类科技比赛，加强硬件设施建设，强化学生参与实践的动手能力的培养，对学生开展科技创新、竞赛活动给予各方面的大力支持，促使本科生较早地参与科研活动和各类大赛。举办院内专业课程学科竞赛活动；组建本科学生导师团队，继续推进本科导师制，搭建师生研究课题（项目）共享平台。

建设精细化的网上应用平台。依托专业特点和优势，组织学生运用现代信息技术和手段开发新媒体平台。一方面满足学生日常学习、生活的需求，延伸网络思想政治教育触角；另一方面让学生在“做”中“学”、在“学”中“做”，不断提高自身综合素质和能力。

坚持三自方针，榜样引领、示范先行，用典型的力量带动学生全面成长。

朋辈教育项目坚持贯彻学生自我教育、自我服务、自我管理的“三自”方针，开展由学生参与组织，从学生需求出发，摸清服务对象的需求，开展有针对性沙龙活动，形成项目管理模式。

榜样引领。强化培育和树立部分学风建设优秀班集体和学生个人典型，加强学生干部的培养和教育，举办学生干部发展论坛、学生干部素质发展专题培训，充分发挥学生组织和模范先进在人才培养、学风建设中的重要作用。

党员示范。建立健全学生党支部，开展学习型、服务型、创新型“三型”学生党支部创建与评比活动，培育和宣传一批优秀大学生典型，用身边人、身边事感染、影响和带动学生，充分发挥学生党员的先锋模范带头作用和学生党支部的战斗堡垒作用。

结对帮扶。选拔一批各方面比较突出、热心助人的高年级学生组成辅导团。一方面，针对低年级专业兴趣不浓、学习吃力等感觉大学生活不适的同学开展朋辈沙龙，对专业学习、科技创新、能力锻炼各方面进行探讨。另一方面，通过学院平台提供辅导团成员信息，便于有需求的同学联系自己有共鸣的朋辈范例人物，进行私下的一对一交流，促成朋辈真挚的情感，增加针对性、实效性和持续性。

精细化指导，推进校企合作，实习实训，提升学生就业竞争力。

就业竞争力提升项目通过举办专题工作坊、讲座、个性化咨询、情景模拟等形式为学生做好就业服务工作。

针对需求，分类指导。通过调研、座谈会等方式，对毕业生最希望得到的就业服务进行深入了解。开展诸如自我定位与职业规划、求职心态与就业观念、简历制作、面试礼仪与技能技巧、创业实践等就业专题讲座。同时，结合市场需求和学生实际需要，一方面在学院内安排专业课教师开设 Java、PHP、Android、IOS 等专业技能培训，提升学生的实践动手能力和项目经验；另一方面和企业合作，组建由企业人员参与指导的学生专项兴趣学习小组（工作室、俱乐部），鼓励学生有针对性的学习与提高。通过理论与实践案例相结合的方式，为学生们提供生动形象的指导。

校企合作，实习实训。与国内知名企业合作，面向大学三四年级开设企业实训课堂，邀请企业技术人员到学校为有兴趣的学生实施有针对性的教学与实践指导，提高学生的就业适应能力和专业动手能力。在此基础上，与企业合作，建立就业实习实训基地，促进毕业生充分就业，不断提高毕业生就业质量，实现与企业的合作共赢。

开设就业专题工作坊。邀请资深猎头与职业培训师和一线工作的辅导员为毕业生进行深入的简历指导和面试技巧的培训，每位参与工作坊的毕业生均可得到面对面的深入指导；组织就业集训营，让每一位学生在就业体验与分享过程中与同学们共同成长。

实施专业导师制。结合学院各专业特点，聘请经验丰富、责任心较强的专业课教师组成学院和各系部专业导师团队，每位导师选择 2～3 个项目，每个项目 3～5 名学生参与，实施专业化的导师指导，以项目为依托，以创新创业训练计划和课外科技、学科竞赛活动为抓手，以增强学生专业素质、提升学生实践动手能力为目标，促进学生成才，提高学生在就业市场的综合竞争力。

改革辅导员工作机制、学生管理机制，构建全员育人、多级联动工作模式。

在 C++ 辅导员工作环中单单依托辅导员的力量是远远不够的，只有充分调动和挖掘年级辅导员、专业班主任、研究生、专业教师等各方面资源，形成立体交叉，多元渗透的工作机制才能使整个工程中的子项目取得实效。

推进辅导员条块结合的工作模式。改变一个辅导员负责一个年级的固有工作模式，在此基础上实施辅导员老师负责具体对口联系一个专业系部，实行条块结合的工作模式，加强学生工作与专任教师之间的沟通与交流；建立学院内学团工作与系部领导定期交流、分析制度，实现学生、教师党员在学生党支部与专业系部教师党支部的双交叉、双覆盖和双促进。

实行二合一模式的四联机制学生管理机制。在充分挖掘和整合学院现有资源的基础上，探索建立基于“二合一”模式的横纵联合、上下联动、师生联手、教学联系、多级互联的本科生新型管理机制（简称为二合一模式的四联机制）。“二合一”是指：辅导员和专任教师，即调动全院力量，全员参与，齐抓共管，形成合力。在新机制下，首先确定各个不同角色（院领导、系领导、辅导员、班主任、任课教师、实验教师、班干部、学生辅导员、研究生、学团组织），其次按专业、年级、班级三个维度使所有角色与之建立起对应关系，最后明确不同角色的工作分工和工作职责，从而构筑起一个人才培养的立体化、全覆盖工作网格。

第 8 章　大学计算机专业学科竞赛与社团建设

8.1　计算机竞赛

随着半导体技术的进步，计算机技术的进步日新月异。以 SOC 和多核处理器为代表的硬件技术的发展，带动着系统软件与应用软件技术的变化。与此同时，以嵌入式系统为代表的面向应用定制的计算机系统的应用也日益广泛。不断发展变化的技术给大学中的计算机教育带来的挑战。尤其是硬件技术的发展给软件体系带来的变化，使得大学计算机专业教育中如何将技术发展与教育联系起来，如何将学校教育与产业需要结合起来，成为所要面对的主要问题之一[151-154]。

对计算机专业学生的能力培养，是开展计算机教育的一个重要方面。目前，计算机竞赛在大学中的出现越来越多，其形式多样，内容丰富，具有较强的实践性，已有学校开始探索如何在计算机教育中利用计算机竞赛来培养学生的实践能力。在不同计算机方向上，这些实践经验证明，在培养学生的实践能力方面，计算机竞赛能够起到很好的作用。同时，计算机竞赛对于培养学生的创新能力也有一定的作用。

在这些已有的探索中，对计算机竞赛的归类较少，对各类计算机竞赛的利用不够充分。本章提出以课程为基础，以学生兴趣为导向，通过计算机竞赛来推动学生能力的培养。

8.1.1　计算机竞赛的分析

1. 竞赛类别分析

目前在大学里出现的计算机竞赛形式多样。为了更好地利用这些计算机竞赛，首先需要对这些竞赛进行分析，以能够根据竞赛的情况，选择适合的计算机竞赛作为目标。图 8.1 为计算机竞赛类别分析。

根据计算机竞赛的影响力不同，可以将计算机竞赛分为学校级、省部级、国家级和世界级。四个类别各自具有不同的特点。

学校级一般是由公司委托学校、学院或者相关的学生组织来举办的，其面向的是学校内的学生。这样的竞赛一般来说，其优点是完成时间较短，要求较低，完成竞赛的工作量并不大。缺点是起点低，不能够深入进行能力培养。因此，此类较为适合初步的实践能力培养。

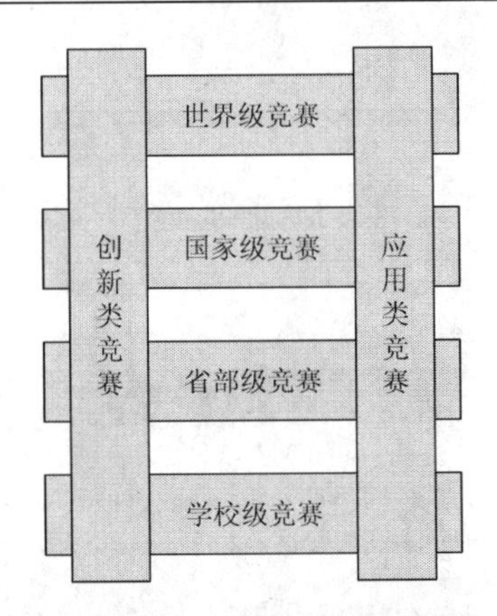

图 8.1 计算机竞赛类别分析

省部级一般主要是在全省内举办，或者由相关部委在各大高校内开展的。通常这一类的计算机竞赛要求较高，竞争者也较多。因此，比较适合大学生参与。

国家级一般是由国家正式举办的，在全国范围内开展的计算机竞赛。这一类竞赛要求很高，需要较长的准备时间，对参赛者能力要求较高。

世界级的计算机竞赛一般需要先经过国内的预选，然后参与到世界范围内的竞争。这一类竞赛通常要求极高，参与者水平都较高。通常，参与者需要在相关领域内具有较长时间的经验积累。

此外，从主办者来说可以大致分为两类。一类是以学术、创新为主的竞赛，这一类竞赛通常对创新或者学术能力要求较高。另一类竞赛更关注于应用层面，通常是由计算机产业的公司来主办。

2. 竞赛域分析

在所有的竞赛当中，其领域也各不相同。学生在课程学习过程中，对学习内容的掌握也各不相同。因此，对于不同的学生，也要为他们提供适合的级别和类别的竞赛候选对象。这就需要对计算机竞赛划分出合适的域，让学生能够根据不同的竞赛域来进行选择。

在这个竞赛域的构建中，主要包括以下参数：竞赛级别、竞赛类别、能力要求程度、完成时间限制等。竞赛级别和竞赛类别如前所述。能力要求程度主要是指计算机竞赛本身对完成者能力的要求，如专业方向、完成形式、完成语言等。完成时间限制主要是指计算机竞赛对完成竞赛所规定的内容所需时间的要求。

经过分析，本章提出如图 8.2 所示的竞赛域的分析。在该分析图中，主要包括三个坐标轴，分别是应用编程设计能力、创新设计能力和难度。整个区域被分成两个部分，在难度坐标轴上面的是创新类竞赛，在难度坐标轴下面的是应用类竞赛。

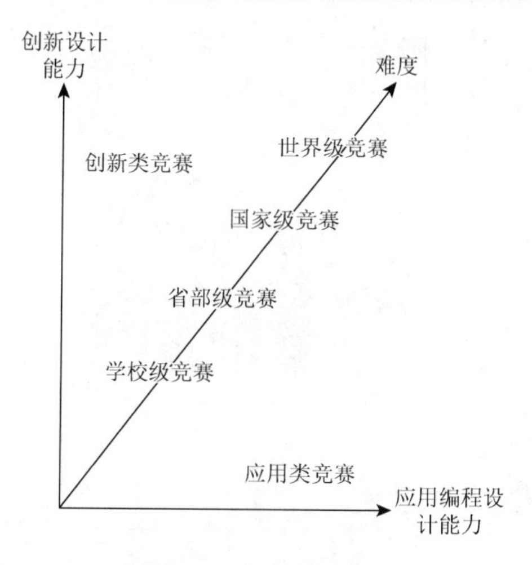

图 8.2　竞赛域分析

其中，在应用编程设计能力坐标轴方向上，由于应用类竞赛更侧重于应用设计与编程开发能力，越是应用类竞赛，对应用编程设计能力的要求越高，也就越能培养相关方面的能力。而在创新设计能力坐标轴上，越是创新类竞赛，越是强调竞赛中对参赛者创新能力的要求。这也表明，这类竞赛对创新能力的培养有所帮助。需要注意的是，在创新类竞赛中，是需要以较强的应用设计与编程实现能力作为基础的。

在难度坐标轴上，越是高等级的竞赛，其对各种能力的要求越高，难度也就越大。同时，随着竞赛等级的提高，对应用设计编程能力的要求也就越高，对创新能力的要求也越高。

8.1.2　计算机竞赛的能力培养

1. 赛前能力培养

参加竞赛前需要对学生进行培养，这主要由赛前的一些能力培养计划来确定。由于参加计算机竞赛并不是在进行课程设计时必须加入课程教学中的内容，并不是所有的学生都会加入这样的计划当中。通过参加竞赛来培养学生能力，既需要学生自身具一定的能力，也需要学生对赛前能力培养具有一定的兴趣，能够自愿参加。

赛前能力培养的过程如图 8.3 所示。这个过程对学生能力培养的过程分为 5 个步骤。首先发布竞赛培养计划，通过各种形式来开展发布，包括相关的课程网站、教师的个人课程网站、校内的各种 BBS 等形式。在学生加入该计划后，分阶段对学生的方案设计能力、应用设计与实现能力、创新能力、文档与写作能力进行培养。

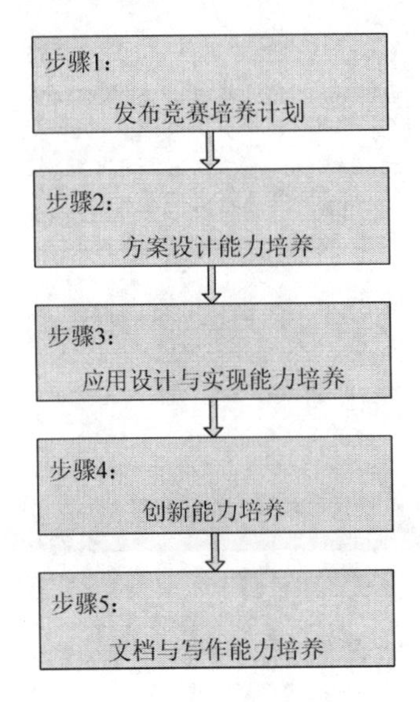

图 8.3　赛前能力培养计划

方案设计能力培养主要关注于学生自行进行竞赛方案设计、整体分析等全局方面的能力培养。这一能力的培养主要利用课程组的科研和教学骨干、课题小组的博士生和硕士生，对学生进行指导。同时，学生可加入一些研究课题中，学习对题目的把握。

应用设计与实现主要是培养学生方案设计后对方案的实现能力，其实质主要是对学生的程序设计与实现、硬件方面的设计与实现等能力的培养[155-156]。具体与学生参与的方向有关。在学生具备了一定的应用设计与实现能力时，学生也会参与到课题小组的论文分析、研究课题讨论等活动中去，在此过程中使得学生逐步适应创新思维。

文档与写作能力主要培养对学生的总结能力、文档写作能力。对工作的总结也是开展工作的一项重要能力。工作的内容可以通过文档来体现。此外，与知识产权相关的内容，也需要经由文档与写作来总结和体现。因此，文档与写作实际上在整个培养和学习过程中都存在，但是一般在具体工作完成后更为重要，因而放在最后一步。

与此同时，在参与到赛前能力培养的过程中，学生将潜移默化地学会团队合作。通过这样的培养，学生将会具备较好的实践能力。这样的实践能力不仅对于参加竞赛具有积极作用，对于学生的个人能力培养、学习能力培养和将来可能从事的工作都具有重要作用。

2. 竞赛能力培养

当学生开始竞赛时，需要经历一个完整的竞赛过程，最终完成竞赛。在这个过程中，由于前期的赛前能力培养，学生已经具备了较好的竞赛工作完成能力。教师在整个竞赛完成过程中，可以只进行一些指导工作，使学生能够独立地完成竞赛任务。学生完成竞赛的过程如图 8.4 所示。

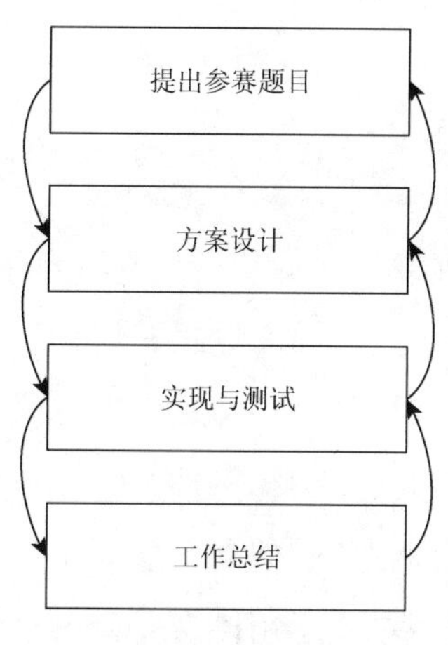

图 8.4　竞赛过程

该过程包括四个步骤：提出参赛题目、方案设计、实现与测试和工作总结。这是一个动态的反馈过程。在任何阶段发现问题，均可向前追溯，直到解决源问题。当然，为了降低工作代价，通常在没有重大问题的时候只向前回溯一步。

计算机专业学生的能力培养，是开展计算机教育的重要组成部分。对于对实践能力要求较高的计算机专业，如何进行这方面能力的培养是一个关键问题。从已有的经验总结来看，通过相关计算机竞赛来进行能力培养是一个有效的方法。本文根据在实际教学中所设计与实施通过计算机竞赛促进学生能力培养的方案，总结了在这一方向上的经验。通过竞赛，学生的实践能力得到了提高，创新能力也有所增强，证明通过计算机竞赛推动学生能力的培养是有效的教学方法。

8.2　学科竞赛

随着我国研究生招生规模的扩大，培养出既具有扎实的专业知识和专业技能，又具有创新能力的高素质研究生人才，是国家对高层次人才需求的必然要求。注重研究生创新能力的培养，已经成为共识。在知识、技能和创新能力之间，需要共同的发展，相互的促进，从而提升研究生培养的质量。在研究生培养过程中，学科竞赛是培养研究生创新实践能力的重要途径。通过组织和建立研究生创新实践团队参与学科竞赛，从而将研究生的知识与技能训练结合在一起。通过学科竞赛的实践性活动，推动和促进专业知识和专业技能的融合，为研究生的研究性和创新性工作打下良好的基础。在此之上，通过学科竞赛来激发研究生的创新意识，引导和培养研究生的创新思维，提升研究生的创新能力，是研究生综合素质培养的一个良好途径。

8.2.1　学科竞赛的背景分析

在研究生培养过程中，研究能力和创新能力的培养是逐步完成的过程。从研究生入学开始，能力培养就已经开始。一方面通过相关课程的开设和教授来完成理论知识体系的进一步完善，另一方面通过科研及其实践来完成研究能力和创新能力的培养。在这一过程中，如何激发与调动研究生的积极性，并通过合适的方式来保证研究生能力培养目标的实现，是必须面对和解决的问题。研究生的创新实践能力，是以专业知识和专业技能为基础，在专业领域中，运用既有基础创造性的提出问题、分析问题和解决问题的能力。以学科竞赛的创新要求为基础，推动和促进研究生能力的发展，符合对研究生能力培养的要求。

在高等学校中，学科竞赛更多地面向本科阶段的学生开放。学校积极鼓励和支持大学生参与到学科竞赛当中。这与传统上研究生培养的目的有密切的关系。研究生的培养注重研究能力和自我教育，以具有一定的研究能力为培养标准。这就使得学科竞赛在研究生培养过程中往往成为被忽视的对象。然而随着各种类型的学科竞赛不断的发展变化，其实质正在从寻求作品向寻求创意转变，参赛内容的新颖性已经成为学科竞赛评判的关键标准。这也意味着创新正在成为学科竞赛的根本核心。因此，学科竞赛可以成为研究生科研实践的重要内容。

8.2.2　学科竞赛的选择

1. 学科竞赛必须具有较高的层次

根据研究生的培养目标，所参与的学科竞赛必须达到一定的层次。根据学科竞赛的影响力差别，可以将学科竞赛分为一般学科竞赛、省部级学科竞赛、国家级学科竞赛和国际级学科竞赛四种类型。

一般学科竞赛是指由产业界举办的一般性竞赛。此类竞赛的特点是竞赛面向的区域范围较小，对完成竞赛的要求较低，因此参与竞赛所需要耗费的时间短、精力少。但是由于此类竞赛工作量不大，缺少对于相关题目或者方向的深入挖掘，这就使得此类竞赛更适合本科学生以能力锻炼的性质参赛，不适合研究生参加。

省部级学科竞赛是指区域级的学科竞赛，如在一省或者数省范围内举办的学科竞赛。此类竞赛范围较大，且一般较为正式，在题目或者方向的设计上具有一定的挑战性。此类竞赛往往是作为下一级竞赛（即国家级学科竞赛）的预选赛环节。

国家级学科竞赛是指由国家正式举办或者由业界领先的企业举办，面向全国范围的学科竞赛。此类学科竞赛的特点是持续时间长，对参赛内容的要求高，所供选择的题目或者方向是热点方向，既注重作品的完成度，更注重作品的创意；甚至有些竞赛开辟了专门的创意类分赛。国家级学科竞赛需要以团队形式参与，强调合作与创新，一般而言适合研究生参与。

国际级学科竞赛是指由国际组织或者业界领先的国际级企业举办，面向全球范围的学科竞赛。此类学科竞赛的特点是周期长，对参赛内容的创新性具有近乎挑剔的要求。同时，由于是全球范围内进行参赛队伍的选拔，除技术能力外，还需要参赛者具有良好的心理素质、对外交流能力等。这类比赛虽然数量不多，但是由于其巨大的影响力，往往吸引了大量的优秀参赛队伍，适合研究生参与。

2. 学科竞赛必须以创新为核心

学科竞赛又可以分成应用型学科竞赛和创新型学科竞赛。其中，应用型学科竞赛是从实际应用的角度出发，强调在实际生活、生产中的应用价值，关注于作品本身，因此对作品的完善程度要求较高。在参与应用型学科竞赛的过程中，需要完成作品的提出、设计、开发、测试和验证的全过程；部分比赛甚至需要完成商务部分，即作品的推广、市场化前景预测、风险预测等内容。尽管这有助于技术与市场的对接，但是需要花费大量的时间与精力，需要审慎地进行评估与选择。若需培养研究生的创新创业能力，则可以经过综合考量后，以此类竞赛来扩展研究生的创业类知识和技能，培养创业能力。

创新型学科竞赛是指竞赛本身就突出创新，将创新作为竞赛的核心内容。在此类竞赛中，注重新技术、新方法的探索，要求参赛者能够明确地提出其参赛内容的创新点，并能够详尽地阐述与既有技术和方法的区别。在参赛过程中，参赛者需要完成以下工作：积极地在给定的题目或者方向上进行主动性的文献搜索与分析；在既有方案的基础上提出待解决的问题；对问题进行分析并给出解决问题的可能方法；对潜在解决方案进行验证，并形成总结。在上述过程中，参赛者必须发挥主观能动性，积极地思考从而解决问题。研究生在参与此类竞赛的过程中，必须充分地调动其既有的专业知识和技能，必须能够创造性地解决问题，必须主动地扩展学习空间和范围，必须熟练地使用相关的工具。因此，创新型学科竞赛的基本过程符合研究生的能力培养方向，可以作为研究生创新实践能力培养的平台。

3. 学科竞赛必须符合研究生的专业方向

研究生在确定指导教师后，已确定了其研究生阶段的专业方向，在研究生期间所完成的工作应帮助研究生完成专业方向上的积累和扩展，从而实现研究生培养的目标。在研究生选择可参与的学科竞赛时，也必须考虑研究生的专业方向与学科竞赛的匹配程度。

有两类竞赛可以作为研究生参与学科竞赛的候选对象。一类是学科竞赛的题目或方向与研究生的专业方向具有直接的对应关系。研究生在参与时，可以将自己的研究内容与学科竞赛的要求进行结合，对研究内容进行深入的探索；并利用竞赛的激励，进行持续性的扩展学习，构建出更为完善的理论体系；通过竞赛参与过程中的实现，更为熟练地掌握相关的工具和实现方法。另一类是学科竞赛的题目或者方向与研究生的专业方向没有直接的对应关系，但是在设计过程中所采用的关键理论或者技术需要该专业方向的支持。对于此类竞赛，研究生可以作为解决专业方向关键问题的支撑者角色出现，并同样依靠自己在专业方向上的基础来主动积极地进行探索。

8.2.3 学科竞赛的能力培养

1. 基础能力的培养

基础能力的培养主要是在参与学科竞赛之前，而参赛之前的基础能力培养，并不是专门为竞赛而准备。基础能力包括：研究基础能力，制定和改进研究计划的能力，研究型思维能力，专业方向的研究能力，工具、软件和方法的掌握，实现和验证的能力等。

其中研究基础能力包括对专业方向的基本了解，文献检索、分析与综述的能力，基本的文档写作能力等；制定和改进研究计划的能力是指研究生在对其专业方向有明确认知的前提下，具备指定长期研究计划的能力，并能够根据专业方向上的进展进行适应性的调整；研究型思维能力是指在文献综述的基础上，掌握提出问题、分析问题和解决问题的思维方式；专业方向的研究能力是指研究生在其专业方向上在导师指导下进行深入探索的能力；工具、软件和方法的掌握是指研究生了解和掌握了研究方向相关的工具、软件和方法；实现和验证的能力是指研究生运用工具、软件和方法实现所设计的解决方案的能力。以上各项能力的培养，从研究生入学开始，一方面是专业方向上文献的积累，另一方面是具体研究内容上的不断探索，通过导师的指导和研究生的进展，让研究生逐步具备各项基础能力。

2. 创新实践能力的培养

在基础能力培养的基础上，以研究生的专业方向为出发点，通过学科竞赛来培养研究生的创新实践能力。在学科竞赛的团队组织方面，以“1 + 1”为核心的形式来进行团队的建立。每个团队中以一个研究生加上一个优秀本科生为核心，研究生负责相关的关键技术的突破，形成研究性的中心，优秀本科生负责相关的核心技术实现，形成工程性的中心。在团队参加学科竞赛的过程中，研究生以既有的基础能力作为依托，提出创新的观点，由团队对创新观点进行讨论、改进和确认，由导师来进行创新观点的评估。上述过程中，研究生在参与过程中，必然会在既定参赛目标的推动下，主观性地进行创新思考，并在具体实现时进行结合。

研究生在参与过程中，以积极的态度去查阅参考文献，主动与导师、同学、队友进行讨论，以多种方式来进行设计和探索性实现。参与的研究生一方面能够通过这一过程不断地强化基础能力，另一方面能够主动地思考，积极地创新，以不断试错的过程，逐渐地了解和掌握创新的本质及创新的方法。因此，研究生参加学科竞赛不是为了研究而研究，而是为了确定目标，来实现创新和具体实践的结合。与此同时，研究生通过团队协作，能够培养其团队合作的意识和精神，熟悉团队合作的方法；这不仅有利于研究生的培养，也有利于团队中本科生的培养。

8.3　社团建设案例

受益于半导体等相关技术的发展，嵌入式技术也在快速地进步，并推动了嵌入式系统得到更为广泛的应用，成为无所不在的计算装置。尤其是随着移动宽带无线网络的发展，移动接入设备正在成为主要的互联网接入设备之一。新的嵌入式处理器技术例如凌动技术，推动了嵌入式系统性能和功能的完备；嵌入式技术的发展使得嵌入式系统的应用前景更为广阔，对嵌入式人才的需求也将不断增加。由此也推动了高校嵌入式课程的开设、建设和完善；同时，也给高校嵌入式课程建设带来了新的挑战。由于嵌入式课程是一门理论与实践结合的课程，实践对嵌入式教学来说非常重要；但是由于相对课时有限，难以在有限的时间内提供充分的实践机会，因此使得如何更好地开展嵌入式课程建设，提高嵌入式课程的教学效果成为当前高校嵌入式课程所面临的重要问题。

嵌入式课程在国内外均受到了重视，很多学校都开设了相关课程，以培养嵌入式人才。专业在自身科研与教学经验的基础上，对国内外大学的相关嵌入式课程进行了调研和分析，较早开设了嵌入式课程。在课程建设过程中，既注重理论教学，也注重学生实践能力的锻炼和培养，并以凌动平台基础，构建了课程的重要结构和内容。同时，课程组也较早发现，嵌入式课程如果局限于课堂教学，不能完全满足嵌入式技术发展的需要，也限制了学生能力的全面培养。为此，课程组采取了针对性的措施，以学生能力的培养为根本出发点，协助学生构建大学生社团，提高嵌入式课程的教学效果。得益于学校、学院对嵌入式教学的高度重视，课程组以学生为中心，以“享受嵌入式”为理念，以大学生社团为平台，以教师辅导、课程组协同为助力，以学校、学院的支持为关键支撑，构建了多层次全方位的学生嵌入式课外教学与实践平台，推动了嵌入式教学的发展。

1. “享受嵌入式”

嵌入式系统的出现较早，并且在多个领域得到了应用。近年来，随着移动接入技术的发展，嵌入式系统正在成为人们日常生活不可或缺的设备。而随着嵌入式技术的发展，嵌入式系统在性能、体积、功耗、价格等各个方面都有了较大的变化，人们对嵌入式系统的认识也更为深入。武汉科技大学嵌入式课程自开设以后，对于学生对嵌入式系统的了解和认识非常关注。课程组设计了短期、中期和长期的教学效果跟踪方式，对学生对嵌入式课程的认识和反馈进行了解。通过教学效果跟踪并对教学结果进行分析，传统课堂教学采取以理论、实验并重的方式，尽管实验内容很丰富，但是相对于理论涵盖的内容，实践上仍显不足；并且学生在课程教学过程中，心态并不轻松。因此，本章提出“享受嵌入式”，在正常课堂教学的基础上，将核心内容与学生的课外科技活动联系起来，构建出愉悦式的学习环境。

“享受嵌入式”的核心思想是从学生对嵌入式系统的认识和了解出发，来改变学生的心态，让学生的心态从被动接受转变为“喜欢”甚至“热爱”，从而从根本上改变学生心目中对教学过程和学习的一般心理，然后在学生学习过程中，通过实践活动的进一步了解，将“喜欢”的心态真正与对嵌入式技术的了解和逐步掌握融合起来，让学生喜欢上嵌入式技术。这样，学生不再仅仅认为“我是在学习”，而是充分深入了解嵌入式技术及其开发和应用的过程上，从而享受嵌入式技术的学习和实践，从而能够主动积极地学习和实践，进而提高嵌入式课程的教学效果。贯彻“享受嵌入式”的思想，一方面是从课堂教学本身出发，另一方面就需要将嵌入式教学落实到课堂以外。而课堂外的嵌入式教学，可采用大学生社团的形式，来开展课程建设。

下面以武汉科技大学嵌入式系统大学生社团“嵌入式系统协会”（以下简称协会）为例，介绍课堂外嵌入式教学。协会由在校大学生在课程组指导下组建和管理，有完整的协会章程和制度。同时，协会在管理上尤其是技术上接受课程组的指导。通过协会，课程组的课外教学活动开展拥有了固定的平台，形成了课堂教学与课外教学的完善对接。在学校和学院的支持下，课程组的课堂教学与协会中的课外科技活动结合，形成了良好的教学互动。

2. 嵌入式系统协会的组织结构

协会是技术型的组织，在组织结构上由主席团、技术部、文化与宣传部、组织与运营部四个部分构成，每个部分负责不同的工作。其中，主席团负责协会日常重要工作和活动的组织。文化与宣传部主要负责协会的外部宣传工作和内部协会文化的构建与维系。组织与运营部负责协会的日常运作工作，主要是各项管理工作的开展。通过这三个部门，形成了有组织的大学生社团，从而构建了相对稳定的群体。同时，通过这些部门也有利于锻炼学生嵌入式技术之外的其他能力，提高学生的综合素质。

技术部是协会的核心部分，是由多个部分构成，如图 8.5 所示。由技术部管理组对整个技术部进行协调，而课程组与技术部管理组之间形成良好的交流渠道，对技术部进行整体指导；而各个兴趣小组一方面进行较为独立的工作，另一方面也与其他的兴趣小组进行一定程度的交流；指导教师组则根据每个教师的优势，对各个小组开展指导工作。以英特尔技术组为例，专门成立了英特尔技术俱乐部，其中包括几个不同的小组：凌动技术小组、并行计算与多核技术小组、低功耗计算小组等。作为课程建设的重要内容，凌动技术小组与课程的结合更为紧密，形成了良好的教/学互动。

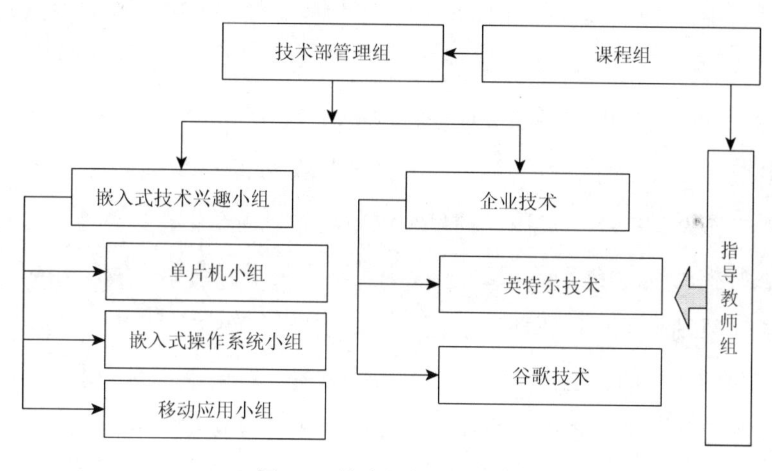

图 8.5　技术部的组织结构

3. 嵌入式技术培训和讲座

每个学期，课程组会邀请来自兄弟院校的教师和来自企业的资深嵌入式工程师进行交流。在此期间，课程组也请他们专门为协会开展讲座。通过讲座，协会的学生能够更好地了解嵌入式技术的最新进展和企业对嵌入式人才的要求等，从而进一步加强学生学习的兴趣和动机。例如，课程组邀请来自英特尔公司的资深工程师，通过协会面向学生开展嵌入式技术的讲座，让学生了解嵌入式技术尤其是凌动技术的最新发展，加深学生对课程内容的了解。

此外，针对专门的技术，课程组组织了专门的技术培训。例如，在英特尔大学计划的支持下，课程组开放了基于凌动系统的平台。以此平台为基础，课程组通过协会每三个月到半年举办一次关于凌动的技术培训。除课程组教师外，还特别邀请了英特尔公司资深工程师，对凌动技术的细节进行深入分析和讲解。在课程内容的基础上，补充大量的实践性内容，从而使得学生能够更好地了解凌动技术。学生了解了相关技术点的同时，又立刻通过凌动平台开展实验和相关项目的工作，极大地增强了学生掌握凌动技术的原动力。

4. 协会中的活动开展

为提高学生的实践动手能力，培养学生的创新思维，课程组通过协会提供四种类型的项目。这四类项目分别是科研类项目、开发类项目、实战类项目和创新类项目。每一种类型的项目都为学生提供了实践动手的机会，让学生通过实际的项目来理解和掌握如何开展具体嵌入式相关项目的开发，如何在团队中进行协作，如何依托项目来开展嵌入式技术的学习等多方面的内容。

在四类项目中，科研类项目是指课程组对承担的研究型课题进行分析，从中抽取出合适的题目及其内容，形成微课题；再综合学生的兴趣和能力，交给学生来完成。开发类项目则是课程组对承担的应用型课题进行分析和抽取，形成微项目；再综合学生的兴趣和能力，交给学生来完成。在这两类项目中，学生都有指导教师，参与到具体课题和项目组中，接受指导教师各方面的指导。实用类项目和创新类项目由学生自主创意，通过协会申请，经由课程组教师批准后立项完成。其中，实用类项目是来自实际生活，完成相关的开发工作；而创意类项目则是具有创新性的创意。两类项目都有课程组提供设备和技术的支持。此外，学生也可以自由的开展嵌入式方向的各类项目，并向课程组寻求支持。

课程组与协会协同开展了与来自企业的工程师进行直接接触的活动。例如，协会开展了“与英特尔公司工程师面对面”活动，邀请英特尔公司的工程师来到学校，与学生进行面对面的交流。这种双向交流的模式，为学生提供了主动询问和讨论的良好条件，使得学生进一步获得了直接的体验。

此外，课程组还通过与协会的合作，组织与推动学生积极相关的嵌入式竞赛。通过嵌入式竞赛，学生能够与其他高校的同学们进行友好的竞争，从中了解到自己的优势和缺点，从而能够开展针对性的改善和提高。与此同时，协会还与其他高校的同学进行直接的联系，从而开展校际的交流。

5. 教学效果分析

在教学过程中，采用教学效果跟踪方式对教学效果进行深入的了解。其中，跟踪的主要对象就是学生。将调研对象分为四类，分别是正在课程中学习的学生（A 类）、已完成课程学习 3～6 个月的学生（B 类）、已完成课程学习 1 年以上的学生（C 类）和已毕业的学生（D 类）。调研的方式是调查问卷（匿名）和访谈。

对学生的跟踪调研，可以获得学生对课程开展情况的反馈。A 类学生普遍认为，通过参与协会的各项活动，能够加深对课堂上理论内容的理解，并对课堂实验形成良好的互补。由于课堂内容中，凌动技术是重要的内容，实验设计较多，但是由于课时的限制，有相当部分的实验作为选做内容提供。而这部分实验学生就通过协会在课外自主自发地完成，甚至有些学生根据理论内容自行完成了一些小的创意，从而形成了良好的氛围。B 类学生则反映，在课堂内容结束后，通过协会仍然能够使用开放的凌动平台进行实践活动，一方面巩固了原来的知识，另一方面也可以进行连贯性的工作，从而能够形成具有延续性的凌动技术学习。C 类学生则认为，通过协会提供的平台，能够接受课程组教师持续的指导，对嵌入式技术的理解更为深入；开放的凌动平台更让他们能够以凌动技术为基础，将视野扩展到嵌入式系统的处理器设计、节能和低功耗等方面。D 类学生则认为协会组织的各项活动尤其是各类项目，帮助他们提前与企业需求接轨，从而能够获得更好的就业机会并在进入企业后不断地进行自我提升。

另外，课程组与协会协作所提供的讲座、培训和面对面交流活动，为学生提供了大量的来自企业的经验，既充实了学生的知识内容，同时也为学生提供了直接的体验，激发了他们的积极性。例如，以协会所举办的凌动系列的讲座、培训和交流活动为例，学生普遍认为，这样的活动由来自英特尔公司的工程师主讲并参与交流，能够从不同角度来学习和了解凌动技术，与课堂教学相辅相成，对学好嵌入式技术有很大的帮助。

值得注意的是，在对各类学生进行调查时，课程组发现了对教学效果非常有帮助的现象。尽管课程组在教学效果调研和分析时对学生进行了分类，但是在协会中各类学生之间不是隔离的，相互之间具有良好的互动交流关系。尤其是已经毕业的学生，仍然通过协会与在校的学生进行交流，对在校的学生产生了很好的影响，也吸引更多的学生参与进来。因此，在调研过程中，学生普遍认为，通过协会中的各项活动，实际上保持了对嵌入式系统课程内容的持续学习，并能够获得在学习和实践过程中享受式的体验。

嵌入式系统的发展和广泛应用是嵌入式技术进步的必然结果，同时也给高校的嵌入式教学尤其是实践教学带来了挑战。嵌入式课程组将嵌入式处理器的典型代表凌动技术纳入课程当中。在此基础上，为进一步提高教学质量，获得更好的教学效果，课程组将“享受嵌入式”作为重要的教学理念，通过大学生社团（嵌入式系统协会）作为关键的平台，将教学内容延续到课外，改变学生的心态，从而构建更为合适的嵌入式教学生态环境。尤其是通过大学生社团来开放基于凌动的硬件平台等实践平台，为课外教学的开展提供了良好的条件；同时，大学生社团也将学生与嵌入式技术黏合起来，形成较大的吸引力和持续性。

在通过大学生社团推动嵌入式教学发展方面，仍然存在需要深入研究和探索的地方。这是由于嵌入式技术在不断发展当中，比如凌动处理器 E6x5C 系列，在原有凌动技术基础上，将 FPGA 与凌动处理器结合在一起。这既是课程建设的新内容，也是大学生社团在新技术出现时需要面对的，即如何在通过社团来引入新的嵌入式技术。由此可见，嵌入式教学的发展需要将不断地进行探索，形成持续的推动力，从而提高嵌入式教学质量，确保课程的可持续发展。

第9章　大学计算机专业课程的校企合作

新兴硬件的出现使计算机专业的人才培养不能回避这些变化。学术上对计算机硬件的研究已经逐渐从传统硬件的研究转移到新兴硬件的研究上，市场上的传统计算机硬件也已经逐渐退出。大学计算机专业硬件类课程建设面临着巨大的挑战，包括师资培养、课程设计、教学方式、教学资源建设等多方面的内容。本章以推动计算机专业硬件类课程教学的发展为出发点，研究校企合作在计算机专业硬件类课程建设中的应用，分析和阐述应用原则和应用方式[156-158]。

大学计算机专业硬件类课程教学中，不仅需要开展理论教学，还需要有大量的实践性教学，这使得硬件类课程具有实践性较强的特点。与此同时，新兴硬件的出现与发展使得硬件方向出现了许多新的理论和技术，这些新的理论和技术同样需要增加到硬件类课程教学内容当中；而新兴硬件尚处在不断发展之中，从而使得硬件类课程教学内容更新速度有巨大的提升。因此，在新兴硬件时代，硬件类课程面临的主要问题包括以下几方面。

（1）如何对教师进行培养，使教师掌握新兴硬件知识。教师是课程的主体之一，是学生学习科学知识的引导者，要进行硬件类课程建设，首先要培养出合格的师资队伍。

（2）如何改进课程设计，使新兴硬件内容能够在硬件类课程中得到充分和恰当的安排。对于不同的硬件类课程来说，新兴硬件的内容在课程中的体现有所区别，因此需要对课程设计进行改进，以更好地开展教学工作。

（3）如何改进教学方式，将不断发展的新兴硬件内容传授给学生。新兴硬件发展迅速，相关的学术研究和工业上的进展很快，新的知识内容不断涌现，仅通过传统教学方式难以较好地反映新的进展，因此，需要进行教学方式的改革。

（4）如何进行教学资源建设，为课程建设提供可持续的发展空间。新兴硬件的快速发展和硬件类课程对实验平台的依赖，使得硬件类课程的建设离不开对教学资源的持续需求，这也是在新兴硬件时代，开展硬件类课程建设的重要问题之一。

校企合作能够为硬件类课程建设的上述问题提供一个可选的解决方式。

9.1 校企合作的应用原则

新兴硬件的发展是由学术与产业共同推动的，尤其在硬件相关企业中，顶尖企业往往掌握了最先进的硬件技术、生产工业和生产设备。而硬件类课程对实践的依赖使得硬件类课程建设与校企合作具有重要的关系，需要开展校企合作来推动硬件类课程的建设。

与此同时，在开展校企合作时，必须遵守独立性原则。计算机专业硬件类课程的目标是培养高层次的计算机人才。其教学内容、教学方式、教学资源等需要按照这一目标进行设计。因此，开展校企合作时，必须保持课程的独立性，扩大课程的覆盖面，避免课程成为合作企业的技术平台。

9.2 校企合作的应用方式

与企业进行合作可以有多种方式，其主要目标是能够对课程建设具有推动作用。校企合作在硬件类课程建设中的主要应用包括师资培训、合作科研、对外交流、学术讲座、课程讲学、学生社团建设、组织竞赛、设备捐赠、网站建设等。

通过校企合作来开展师资培训，提高师资力量。尽管在学术研究上大学和研究机构往往是主力，但是在计算机硬件方向上，硬件相关企业往往也是学术发展的重要推动力量之一。例如，在计算机体系结构的国际会议（International Symposium on Computer Architecture，ISCA）上，微软、英特尔、IBM 等公司也会有论文发表。同时，计算机硬件对生产工艺等要求很高，大量的先进技术由企业所掌握。而硬件类课程在教学内容上也需要对主流的技术进行讲解。通过校企合作，教师与来自企业的技术人员进行交流，能够有效地增进教师的知识积累，获得来自业界的经验，从而提高硬件类课程教师的水平，提高师资力量。

校企合作开展师资培训可以通过两种方式开展。第一种方式是培训，这种方式是邀请来自企业的资深工程师，对教师进行培训。这样的培训具有明确的目标，即具体地了解企业的某项特定技术。由于硬件类课程的实验往往采用特定的实验平台，这样的培训对开展实验教学具有较好的作用。第二种方式是面对面的交流。这种方式是邀请来自企业的技术人员，与教师开展面对面的交流。这种方式的好处是交流效率高，需要的时间短，对场地等要求较低，缺点是交流深度往往不足。

合作科研是由教师和企业联合开展科研项目，通过科研项目的合作来进行深层次的学术交流和技术研究，有效地实现技术共享。联合开展科研项目包括两种形式：一种是在教师科研的大方向内，由企业资助，开展科研活动；另一种是由双方共同派出人员参与到科研活动中。第一种方式下，科研活动更为自由，具有较大的自主性，但是相对而言，其交流程度不能尽如人意。第二种方式下，教师与企业的技术人员共同进行科研活动，双发的交流深入细致，教师能够更好地了解业界进展，也能够了解和使用一些企业中的先进设备。这两种联合科研方式尤其是第二种方式能够促进双方在科研上的交流。同时，通过这样的合作，双方在科研活动过程中会形成良好的科研成果和技术共享，对推动科研，提高教师的水平具有较大的帮助。通过合作科研，在开展教学活动时，课程组能够设计出更加贴近社会实际需要的课程。此外，由于新兴硬件还在不断的发展过程中，硬件类课程又依赖于实践，通过与企业合作，能够获得来自企业的设备捐赠，这有利于硬件类课程组更好地开展实践性教学。

学术讲座和课程讲学是应用于硬件类课程的重要形式。学术讲座和课程讲学需要邀请企业中相关方向的资深技术专家到学校讲座讲学。在计算机硬件方向，有众多的学术和技术专家，他们对学术和技术的前沿具有高层次的把握能力，对学术和技术内涵的了解深入细致，通过讲学讲座，能够扩大学生的视野，激发学生的学习积极性。

同时，与企业合作，通过建立学生社团和组织竞赛，能够吸引更多的学生，扩大课程的影响力。而组织相关的竞赛，则能够更加有效地促进学生主动积极地进行学习和实践活动。

参 考 文 献

[1] CODRESCU L，WILLS D S. Architecture of the Atlas chip-multiprocessor：dynamically parallelizing irregular applications[C]// Proceedings IEEE International Conference on Computer Design：VLSI in Computers and Processors，Austin，TX，USA，1999，10：10-13.

[2] BIRNBAUM M，SACHS H. How VSIA answers the SOC dilemma[J]. Computer，1999，32（6）：42-50.

[3] 彭江. 大学教师资源配置制度变革：基于配置主体的视角[J]. 高教探索，2009（2）：11-16.

[4] FONTENOT A D，CHANDLER J R. Partnering with K-12 institutions to prepare school teachers for engineering education[C]//Proceedings 1999 IEEE International Conference on Computer Design：VLSI in Computers and Processors，Austin，TX，USA，1999，10：10-13.

[5] ANTHONY H G，GARBER D，JOHNSON G. Preparation of teachers for a rapidly changing technological world：engineering in teacher education[C]//2007 IEEE Meeting the Growing Demand for Engineers and Their Educators 2010-2020 International Summit，Munich，Germany，2007，11：9-11.

[6] WANG A Y，LEI Y L，GUO L. The heterogeneity and “learning by working” mode of teachers in universities[C]// International Conference on Wireless Communications，Networking and Mobile Computing. Shanghai，China，2007，9：21-25.

[7] REDMOND P，GEORGI D. Cutting edge and emerging technologies for supporting and training new teachers[C]//10th International Conference on Telecommunications，Papeete，Tahiti，French Polynesia，2003，2：1-14.

[8] ROSSON M B，DUNLAP D R，ISENHOUR P L，et al. Teacher bridge：creating a community of teacher developers[C]// 40th Annual Hawaii International Conference on System Sciences， Waikoloa，HI，USA，2007，1：3-6.

[9] 叶雪梅，张晓芸，孙继银，等. 计算机专业开展双语教学的研究与探索[J]. 高等工程教育研究，2003（4）：81-83.

[10] 郝继升. 关于高校计算机专业开展双语教学的思考[J]. 教育与职业，2007（14）：130-131.

[11] 张彦俊. 谈计算机程序设计语言课程的双语教学[J]. 教育探索，2008（2）：55-56.

[12] BOURGUET M L. Introducing strong forms of bilingual education in the mainstream classroom：a case for technology[C]//Sixth IEEE International Conference on Advanced Learning Technologies，Kerkrade，Netherlands，2006，7：5-7.

[13] JAFFE A M. Bilingual Education on Corsica：The management of multiple and competing cultural and linguistic goals[C]// First international Symposium on Environment Identities and Mediterranean Area. Corte-Ajaccio，France，2006，7：9-12.

[14] XIAO X H，WU Z H. Practice of Bilingual Education in Computer Professional Courses[C]// First International Workshop on Education Technology and Computer Science，Wuhan，Hubei，China，2009，3：7-8.

[15] LIU L M. Embedded systems training with bilingual education[C]//TENCON 2007-2007 IEEE Region 10 Conference，Taipei，Taiwan，China，2007，10：1-11.

[16] SHI Q S，CHEN T Z，HU W. Hands-on labs design for computer organization course by using FPGA[C]// Northeast American Society of Engineering Education Conference，2007：1-19.

[17] CESCIRIO W，BAGHDADI A，GAUTHIER L，et al. Component-based design approach for multicore SoCs[C]//Design Automation Conference，New Orleans，LA，USA，2002，6：10-14.

[18] CASPI P，VINCENTELLI A S，ALMEIDA L，et al. Guidelines for a graduate curriculum on embedded software and systems[J]. ACM transactions on embedded computing systems，2005，4（3）：587-611.

[19] CHEN T Z，HUANG J W，HU W. SMART：The next generation software platform of embedded system[C]//Modelling and Simulation，Cancun，Mexico，2005，5：18-20.

[20] GREGSON P H，LITTLE T A. Using contests to teach design to EE juniors[J]. IEEE transactions on education，1999，42（3）：

229-232.

[21] VERNER I M，AHLGREN D J. Education design experiments in robotics[C]//World Automation Congress，Budapest，Hungary，2006，7：24-26.

[22] CHEN T Z，WANG J，XIE B，et al. The organization of intel cup undergraduate embedded system electronic design contest[C]//14th IEEE International Conference on Parallel and Distributed Systems，Melbourne，VIC，Australia，2008，12：8-10.

[23] SANGIOVANNI-VINCENTELLI A L，PINTO A. An overview of embedded system design education at Berkeley[J]. ACM transactions on embedded computing systems，2005，4（3）：472-499.

[24] MOORE G E. No exponential is forever：but "Forever" can be delayed！[C]//2003 IEEE International Solid-State Circuits Conference，2003. Digest of Technical Papers，San Francisco，CA，USA，2003，2：1-16.

[25] MARWEDEL P. Embedded system design[M]. Dordrecht：Kluwer Academic Publisher，2003.

[26] KOOPMAN P，CHOSET H，GANDHI R，et al. Undergraduate embedded system education at carnegie mellon[J]. ACM transactions on embedded computing systems，2005，4（3）：500-528.

[27] SZTIPANOVITS J，BISWAS G，FRAMPTON K，et al. Introducing embedded software and systems education and advanced learning technology in an engineering curriculum[J]. ACM transactions on embedded computing systems，2005，4（3）：549-568.

[28] 殷建军，张明武，尹令. 嵌入式系统课程现状分析与对策研究[J]. 计算机教育，2010（14）：114-117.

[29] 徐远超，张聪霞，关永. 嵌入式系统专业课程教学存在的问题与思考[J]. 计算机教育，2009（18）：85-86，44.

[30] 邱铁，吴国伟，刘晓艳. 基于应用的高校嵌入式系统方向培养模式[J]. 计算机教育，2011（4）：1-4.

[31] MATASSA L M，DOMEIKA M. Break away with intel atom processors：A guide to architecture migration[M]. San Francisco：Intel Press，2010.

[32] 杨剑锋，谢银波，吴静，等. 校企合作，共谱嵌入式教学新篇章[J]. 计算机教育，2011（15）：130-132.

[33] RUDOLPH E S. A curriculum for embedded system engineering[J]. ACM transactions on embedded computing systems，2005，4（3）：569-586.

[34] 胡威，王靖淇，沈海，等. 基于凌动处理器的嵌入式课程建设[J]. 计算机教育，2011（21）：109-112.

[35] 姚昱曼，刘卫国. Android 的架构与应用开发研究[J]. 计算机系统应用，2008，17（11）：110-112，24.

[36] 刘宇，戴鸿君，郭凤华，等. Android 平台可增量同步的网络应用协议[J]. 计算机工程，2011，37（18）：59-61，64.

[37] 徐光侠，封雷，涂演，等. 基于 Android 和 Google Maps 的生活辅助系统的设计与实现[J]. 重庆邮电大学学报（自然科学版），2012，24（2）：242-247.

[38] 羽蜂，王哗晗，汤步拥，等. 基于 Android 的智能中文输入法[J]. 计算机工程，2011，37（7）：225-227.

[39] 张立，韩银和，袁小龙. 一种基于 Android 系统网络模块功耗的评估和分析[J]. 计算机科学，2012，39（6）：289-292.

[40] 李成华，江小平. 嵌入式 Android 操作系统实践教学改革[J]. 教育教学论坛，2011（20）：153-154.

[41] 李晓东. "慕课"对高校教师教学能力的挑战与对策[J]. 南京理工大学学报：社会科学版，2014，27（2）：89-92.

[42] BLANCO A F，GARCÍA-PEÑALVO F J，SEIN-ECHALUCE M L. A methodology proposal for developing adaptive cMOOC[C]//GARCÍA-PEÑALVO F J. Proceedings of the first international conference on technological ecosystem for enhancing multiculturality. New York：ACM，2013：553-558.

[43] 高英彤，刘亚娜. 论研究生创新能力的培养[J]. 学术交流，2012（2）：201-204.

[44] 杨春梅. 论研究生导师的有效指导[J]. 学位与研究生教育，2009（12）：10-14.

[45] 占志勇，侯彦芬，陈明灿，等. 基于系统论的研究生课程教学机制探讨[J]. 黑龙江高教研究，2013（9）：125-127.

[46] 章丽萍，赵张耀，徐敏娜，等. 研究生课程体系的重塑与优化：浙江大学研究生课程建设的思考与实践[J]. 学位与研究生教育，2013（6）：38-41.

[47] 高芳祎. 我国研究生课程与教学改革效果的调查研究[J]. 学位与研究生教育，2012（10）：27-31.

[48] 张新厂，钟珊珊，管兆勇，等. 研究生培养模式的重构与思考[J]. 江苏高教，2011（3）：68-69.

[49] 陈大勇，冯佳文，裴光术，等. 研究生社会实践能力培养机制的构建[J]. 重庆大学学报（社会科学版），2013，19（6）：

180-184.

[50] 吴瑞林，王建中. 研究性教学与研究生创新能力培养[J]. 学位与研究生教育，2013（3）：10-15.

[51] 董泽芳，何青，张惠. 我国研究生创新能力的调查与分析[J]. 学位与研究生教育，2013（2）：1-5.

[52] 史宁，陈芳. 简论学科竞赛与高校学风建设之关系[J]. 辽宁教育行政学院学报，2011（2）：28-30.

[53] 李娟，陈美娟. 提升研究生创新能力的助推器：校内研究生创新实践基地建设的探索与实践[J]. 中国大学教学，2013（10）：76-78.

[54] 何植民，曾红权. 研究生教育质量的价值取向[J]. 社会科学家，2013（9）：102-105.

[55] XI W，LI Z，WONHAM W M. Optimal priority-free conditionally-preemptive real-time scheduling of periodic tasks based on DES supervisory control[J]. IEEE transactions on systems man & cybernetics systems，2017，47（7）：1082-1098.

[56] RAMAMRITHAM K，SHEN C，GONZÁLEZ O，et al. Using Windows NT for real-time applications：experimental observations and recommendations[C]//Proceedings. Fourth IEEE Real-Time Technology and Applications Symposium，Denver，CO，USA，1998，6：1-12.

[57] BONDAL K V D，CASTELLANO J F S，ESTEBAN L A F，et al. Video packet loss rate prediction over delay-prone packet-based networks[C]//2015 International Conference on Humanoid，Nanotechnology，Information Technology，Communication and Control，Environment and Management（HNICEM），Cebu City，Philippines，2015，12：1-12.

[58] VERBIST J，VERPLAETSE M，SRINIVASAN S A，et al. Real-time 100 Gb/s NRZ and EDB transmission with a GeSi electroabsorption modulator for short-reach optical interconnects[J]. Journal of lightwave technology，2018，36（1）：90-96.

[59] USMAN M，YANG N，JAN M A，et al. A joint framework for QoS and QoE for video transmission over wireless multimedia sensor networks[J]. IEEE Transactions on mobile computing，2018，17（4）：746-759.

[60] LIU C L，LAYLAND J W. Scheduling algorithms for multiprogramming in a hard-real-time environment[J]. Journal of the ACM，1973，20（1）：46-61.

[61] BURCHARD A，OH Y，LIEBEHERR J，et al. A linear-time online task assignment scheme for multiprocessor systems[C]//Proceedings of 11th IEEE Workshop on Real-Time Operating Systems and Software，Seattle，WA，USA，1994，5：18-19.

[62] LEHOCZKY J，SHA L，DING Y. The rate monotonic scheduling algorithm：exact characterization and average case behavior[C]//Real-Time Systems Symposium，Santa Monica，CA，USA，1989，12：5-7.

[63] SCORDINO C，ABENI L，LELLI J. Energy-aware real-time scheduling in the linux kernel[C]//Proceedings of the 33rd Annual ACM Symposium on Applied Computing. ACM，2018：601-608.

[64] ADAN I，KLEINER I，RIGHTER R，et al. FCFS parallel service systems and matching models[J]. Performance evaluation，2018，127：253-272.

[65] ZAKRIA M，JAVAID N，ISMAIL M，et al. Cloud-fog based load balancing using shortest remaining time first optimization[C]//International Conference on P2P，Parallel，Grid，Cloud and Internet Computing. Springer，Cham，2018：199-211.

[66] ALRASHED S，ALHIYAFI J，SHAFI A，et al. Method for determining earliest deadline first schedulability of non-preemptive uni-processor system：U.S. Patent Application 15/598，055[P]. 2018-11-22.

[67] SHREEDHAR M，VARGHESE G. Efficient fair queuing using deficit round-robin[J]. IEEE/ACM transactions on networking，1996（3）：375-385.

[68] VYSSOTSKY V A，CORBATÓ F J. Introduction and overview of the multics system[J]. IEEE annals of the history of computing，1992，14：12-13.

[69] GUO P，ZHI X. Improved task partition based fault-tolerant rate-monotonic scheduling algorithm[C]//International Conference on Security of Smart Cities，Industrial Control System and Communications，Paris，France，2016，7：18-19.

[70] HAN C C J. A better polynomial-time schedulability test for real-time fixed-priority scheduling algorithms[C]//19th IEEE Real-Time Systems Symposium，Madrid，Spain，1998，12：4-17.

[71] ECCO L，ERNST R. Tackling the bus turnaround overhead in real-time SDRAM controllers[J]. IEEE transactions on

computers，2017，66（11）：1.

[72] SUSANTO H，KIM B G. Practical recovery solution for information loss in real-time network environment[J]. arXiv preprint ，2016：3-18.

[73] KONIG G，WATERS J H，JAVIDROOZI M，et al. Real-time evaluation of an image analysis system for monitoring surgical hemoglobin loss[J]. Journal of clinical monitoring and computing，2018，32（2）：303-310.

[74] GIUSTO A，PIGER J. Identifying business cycle turning points in real time with vector quantization[J]. International Journal of forecasting，2017，33（1）：174-184.

[75] DAGUM E B，BIANCONCINI S. Real Time Trend-Cycle Prediction[M]//DAGUM E B，BIANCONCINI S. Seasonal adjustment methods and real time trend-cycle estimation. Switzerland：Springer International Publishing，2016：243-262.

[76] NAM H，KIM K H，SCHULZRINNE H. QoE matters more than QoS：Why people stop watching cat videos[C]//IEEE INFOCOM The 35th Annual IEEE International Conference on Computer Communications. San Francisco，CA，USA，2016，4：10-14.

[77] GALLMEISTER B O. POSIX. 4：programming for the real world[M]. Sebastopol，CA：O'Reilly Media Inc.，1995.

[78] SPRUNT B，SHA L，LEHOCZKY J. Aperiodic task scheduling for hard-real-time systems[J]. Real-time systems，1989，1（1）：27-60.

[79] SAÑUDO I，CAVICCHIOLI R，CAPODIECI N，et al. A survey on shared disk I/O management in virtualized environments under real time constraints[J]. ACM SIGBED review，2018，15（1）：57-63.

[80] SRIVASTAVA A，KUMAR D. Analysis of Round Robin Scheduling Algorithms in CPU Scheduling[J]. Available at SSRN 3351812，2019，4：18-23.

[81] GULL H，IQBAL S Z，SAEED S，et al. Design and evaluation of CPU scheduling algorithms based on relative time quantum：variations of round robin algorithm[J]. Journal of computational and theoretical nanoscience，2018，15（8）：2483-2488.

[82] THOMBARE M，SUKHWANI R，SHAH P，et al. Efficient implementation of multilevel feedback queue scheduling[C]//International Conference on Wireless Communications，Signal Processing and Networking（WiSPNET）. Chennai，India，2016，5：23-25.

[83] GUTIÉRREZ S A，BARCELLOS M，BRANCH J W. Dynamic adjustment of a MLFQ flow scheduler to improve cloud applications performance[J]. Dyna，2018，85（206）：16-23.

[84] BECK H，EITER T，FOLIE C. Ticker：a system for incremental ASP-based stream reasoning[J]. Theory and practice of logic programming，2017，17（5）：744-763.

[85] ALVIANO M，CALIMERI F，DODARO C，et al. The ASP system DLV2[M]//BALDUCCINI M，JANHUNEN T. Logic Programming and Nonmonotonic Reasoning. Switzerland：Springer International Publishing，2017：215-221.

[86] GANG W，HUANG N. The DSP-based inverted pendulum using variable structure control[C]//International Conference on Control & Automation. 2019：188-189.

[87] LI S X，XU M，REN Y，et al. Optimizing subjective quality in HEVC-MSP：An approximate closed-form image compression approach[C]// Data Compression Conference（DCC），Snowbird，UT，USA，2006，3：1-30.

[88] MEHTA K，KLIEWER J. Directed information measures for assessing perceived audio quality using EEG[C]// 49th Asilomar Conference on Signals，Systems and Computers，Pacific Grove，CA，USA，2015，11：8-11.

[89] MEHTA K，KLIEWER J. A new EEG-based causal information measure for identifying brain connectivity in response to perceived audio quality[C]// IEEE International Conference on Communications（ICC），Paris，France，2017，5：21-25.

[90] WILSON A，FAZENDA B. Relationship between hedonic preference and audio quality in tests of music production quality[C]//2016 Eighth International Conference on Quality of Multimedia Experience（QoMEX），Lisbon，Portugal，2016，6：6-8.

[91] PRIYADARSHANI N，MARSLAND S，CASTRO I，et al. Birdsong denoising using wavelets[J]. PloS one，2016，11（1）：e0146790.

[92] DE PAOLIS A，WATANABE H，NELSON J T，et al. Human cochlear hydrodynamics：a high-resolution μCT-based finite

element study[J]. Journal of biomechanics，2017，50：209-216.

[93] BASHIR I，WALSH J，THIES P R，et al. Underwater acoustic emission monitoring – Experimental investigations and acoustic signature recognition of synthetic mooring ropes [J]. Applied Acoustics，2017，121：95-103.

[94] ZHUANG L，ZHU C，CORCORAN B，et al. Sub-GHz-resolution C-band Nyquist-filtering interleaver on a high-index-contrast photonic integrated circuit[J]. Optics express，2016，24（6）：5715.

[95] QIN Z，GAO Y，PLUMBLEY M D，et al. Wideband Spectrum Sensing on Real-Time Signals at Sub-Nyquist Sampling Rates in Single and Cooperative Multiple Nodes [J]. IEEE transactions on signal processing，2016，64（12）：3106-3117.

[96] ZHANG M，ZHANG A，LI J. Fast and Accurate Rank Selection Methods for Multistage Wiener Filter [J]. IEEE transactions on signal processing，2016，64（4）：973-984.

[97] SAMUEL C P，KANKAR D S. A Low-Complexity Multistage Polyphase Filter Bank For Wireless Microphone Detection in CR [J]. Circuits systems and signal processing，2016，36（4）：1-15.

[98] CROOKE A W，CRAIG J W. Digital Filters for Sample-Rate Reduction [J]. IEEE transactions on audio and electroacoustics，1972，20（4）：308-315.

[99] NELSON G，PFEIFER L，WOOD R. High-speed octave band digital filtering [J]. IEEE transactions on audio and electroacoustics，2003，20（1）：58-65.

[100] BELLANGER M. Interpolation，Extrapolation，and Reduction of Computation Speed in Digital Filters [J]. IEEE transactions on acoustics，speech，and signal processing，1974，22（4）：231-235.

[101] CROCHIERE R E，RABINER L. Optimum FIR digital filter implementations for decimation，interpolation，and narrow-band filtering[J]. IEEE transactions on acoustics，speech，and signal processing，1975，23（5）：444-456.

[102] CROCHIERE R E，RABINER L. Interpolation and decimation of digital signals：a tutorial review[J]. IEEE，1981，69（3）：300-331.

[103] COFFEY M W. Optimizing multistage decimation and interpolation processing[J]. IEEE signal processing letters，2003，10（4）：107-110.

[104] COFFEY M W. Optimizing multistage decimation and interpolation processing—part II [J]. IEEE signal processing letters，2007，14（1）：24-26.

[105] ZHU X，WANG Y，HU W，et al. Practical considerations on optimising multistage decimation and interpolation processes[C]// IEEE International Conference on Digital Signal Processing，Beijing，China，2016，10：16-18.

[106] LUQUE S P，ROLAND F，YAN R C. Recursive filtering for zero offset correction of diving depth time series with GNU R package diveMove[J]. PLoS one，2011，6（1）：e15850.

[107] TUMMINELLO M，LILLO F，MANTEGNA R N. Kullback-Leibler distance as a measure of the information filtered from multivariate data[J]. Physical review E，2007，76（3）：031123.

[108] YU D，PARLITZ U. Inferring network connectivity by delayed feedback control [J]. Plos one，2011，6（9）：e24333.

[109] KLÜVER J，KLÜVER C. The regulatory algorithm（RGA）：a two-dimensional extension of evolutionary algorithms[J]. Soft computing，2016，20（5）：2067-2075.

[110] FONG S，WONG R，VASILAKOS A V. Accelerated PSO swarm search feature selection for data stream mining big data[J]. IEEE transactions on services computing，2016，9（1）：33-45.

[111] YAO C Y，HSIA W C，HO Y H. Designing hardware-efficient fixed-point FIR filters in an expanding subexpression space[J]. IEEE transactions on circuits and systems I regular papers，2017，61（1）：202-212.

[112] LI H，XI Y，XUN L. An efficient method based on FIR filtering and fourier transform for solving the eigen-problems in optoelectronic devices[J]. Optical and quantum electronics，2018，50（11）：417.

[113] NATHAN G M W. Concussion incidence and recurrence in professional australian football match-play：a 14-year analysis[J]. Journal of sports medicine，2017，2017：1-7.

[114] HUANG X，JING S，WANG Z，et al. Closed-form fir filter design based on convolution window spectrum interpolation[J]. IEEE transactions on signal processing，2016，64（5）：1173-1186.

[115] BELORUTSKY R Y，SAVINYKH I S. Modified technique of FIR filter design by the frequency sampling method[C]// 11th International Forum on Strategic Technology（IFOST），Novosibirsk，Russia，2016，6：1-3.

[116] MCCLELLAN J H，PARKS T W. A personal history of the Parks-McClellan algorithm [J]. IEEE signal processing magazine，2005，22（2）：82-86.

[117] RIOUL O，DUHAMEL P. A Remez exchange algorithm for orthonormal wavelets [J]. IEEE transactions on circuits and systems ii analog and digital signal processing，1994，41（8）：550-560.

[118] ARGENTI F，CAPPELLINI V，SCIORPES A，et al. Design of IIR linear-phase QMF banks based on complex allpass sections [J]. IEEE transactions signal processing，1996，44（5）：1262-1267.

[119] TSAI J T，HO W H，CHOU J H. Design of two-dimensional IIR digital structure-specified filters by using an improved genetic algorithm[J]. Expert systems with applications，2009，36（3）：6928-6934.

[120] VENEZIANO A，LANDI F，PROFICO A. Surface smoothing，decimation，and their effects on 3D biological specimens[J]. American journal of physical anthropology，2018，166（2）：473-480.

[121] KUMAR S，SHARMA R，SHARMA A，et al. Decimation filter with common spatial pattern and fishers Discriminant analysis for motor imagery classification[C]// International Joint Conference On Neural Networks（IJCNN），Vancouver，BC，Canada，2016，7：24-29.

[122] SLIUSAR I，VOLOSHKO S，SMOLYAR V，et al. Next generation optical access based on N-OFDM with decimation[C]// Third International Scientific-Practical Conference Problems of Infocommunications Science and Technology（PIC S&T），Kharkiv，Ukraine，2016，10：4-6.

[123] BADARUDEEN A，GOPAKUMAR K. Wideband spectrum sensing using Multi Stage Weiner Filter[C]// IEEE 7th Annual Ubiquitous Computing，Electronics & Mobile Communication Conference（UEMCON）. New York，USA，2016，10：20-22.

[124] SURYANARAYANA G，DHULI R. Edge preserving super-resolution algorithm using multi-stage cascaded joint bilateral filter[J]. International journal of modeling，simulation，and scientific computing，2017，8（1）：15.

[125] LIANG N，ZHANG W. Mixed-ADC massive MIMO uplink in frequency-selective channels[J]. IEEE transactions on communications，2016，64（11）：4652-4666.

[126] FAN L，QIAO D，JIN S，et al. Optimal pilot length for uplink massive MIMO systems with low-resolution ADC[C]// IEEE Sensor Array and Multichannel Signal Processing Workshop（SAM），Rio de Janerio，Brazil，2016，7：10-13.

[127] MA C，LIU L，LI J，et al. Apparent diffusion coefficient（ADC）measurements in pancreatic adenocarcinoma：a preliminary study of the effect of region of interest on ADC values and interobserver variability[J]. Journal of magnetic resonance imaging，2016，43（2）：407-413.

[128] GUERRERO F N，SPINELLI E M. A simple encoding method for Sigma-Delta ADC based biopotential acquisition systems[J]. Journal of Medical Engineering & technology，2017，41（7）：546-552.

[129] PANDEY A，KHAN M J，PRASAD D，et al. Switched Capacitor Circuit Realization of Sigma-Delta ADC for Temperature Sensor[C]//SINGH R，CHOUDHURY S. Proceeding of International Conference on Intelligent Communication，Control and Devices. Singapore：Springer，2017：1129-1135.

[130] ZHMUD V，DIMITROV L，TAICHENACHEV A. The use of sigma-delta-ADC in the commutation mode[C]//2017 International Siberian Conference on Control and Communications（SIBCON），June 29-30，2017，Astana，Kazakhstan.

[131] RUTENBAR R A. Simulated annealing algorithms：an overview[J]. IEEE circuits and devices，1989，5（1）：19-26.

[132] BELLANGER M G，DAGUET J，LEPAGNOL G. Interpolation，extrapolation，and reduction of computation speed in digital filters[J]. IEEE transactions on acoustics speech and signal processing，1974，ASSP-22（4）：231-235.

[133] MINTZER F. On half-band，third-band，and Nth-band FIR filters and their design[J]. Acoustics speech & signal processing IEEE transactions on，1982，30（5）：734-738.

[134] GOODMAN D，CAREY M. Nine digital filters for decimation and interpolation[J]. IEEE transactions on acoustics，speech，and signal processing，1977，25（2）：121-126.

[135] CHIB S，GREENBERG E. Understanding the metropolis-hastings algorithm[J]. The american statistician，1995，49（4）：

327-335.

[136] BOSI M，GOLDBERG R E. Introduction to digital audio coding and standards[M]. Boston：Kluwer Academic Publishers，2003.

[137] POHLMANN K C. Principles of digital audio[M]. 4th. New York：McGraw-Hill，2000.

[138] MOTTAGHI-KASHTIBAN M，FARAZI S，SHAYESTEH M G. Optimum structures for sample rate conversion from CD to DAT and DAT to CD using multistage interpolation and decimation[C]// IEEE International Symposium on Signal Processing and Information Technology，Vancouver，BC，Canada，2006，8：27-30.

[139] KESTER W. Mixed-signal and DSP design techniques[M]. Norwood，MA：Analog Devices，2000.

[140] MITRA T. Heterogeneous multi-core architectures[J]. Information and media technologies，2015，10（3）：383-394.

[141] CATALÁN S，RODRÍGUEZ-SÁNCHEZ R，QUINTANA-ORTÍ E S，et al. Static versus dynamic task scheduling of the lu factorization on arm big. little architectures[C]// IEEE International Parallel and Distributed Processing Symposium Workshops（IPDPSW），Lake Buena Vista，FL，USA，2017，5：2-29.

[142] BUTKO A，BRUGUIER F，GAMATIÉ A，et al. Full-system simulation of big. little multicore architecture for performance and energy exploration[C]// IEEE 10th International Symposium on Embedded Multicore/Many-core Systems-on-Chip（MCSOC），Lyon，France，2016，9：21-23.

[143] PRICOPI M，MITRA T. Task scheduling on adaptive multi-core[J]. IEEE transactions on computers，2014，63（10）：2590-2603.

[144] RUTZIG M B，MADRUGA F，ALVES M A，et al. TLP and ILP exploitation through a reconfigurable multiprocessor system[C]// IEEE International Symposium on Parallel & Distributed Processing，Workshops and Phd Forum（IPDPSW）. Atlanta，GA，USA，2010，4：19-23.

[145] MITRA T. Energy-efficient computing with heterogeneous multi-cores[C]// International Symposium on Integrated Circuits（ISIC），Singapore，Singapore，2014，12：10-12.

[146] LIU J，LI K，ZHU D，et al. Minimizing cost of scheduling tasks on heterogeneous multicore embedded systems[J]. ACM transactions on embedded computing systems，2016，16（2）：1-25.

[147] RADICKE S，HAHN J U，QI W，et al. A parallel HEVC intra prediction algorithm for heterogeneous CPU + GPU platforms[J]. IEEE transactions on broadcasting，2016，62（1）：103-119.

[148] ZHENG Y，YU Z，YU X，et al. Low-power multicore processor design with reconfigurable same-instruction multiple process[J]. IEEE transactions on circuits and systems II express briefs，2014，61（6）：423-427.

[149] JABLIN T B，PRABHU P，JABLIN J A，et al. Automatic CPU-GPU communication management and optimization[J]. ACM SIGPLAN Notices，2011，46（6）：142-151.

[150] NURVITADHI E，SIM J，SHEFFIELD D，et al. Accelerating recurrent neural networks in analytics servers：comparison of FPGA，CPU，GPU，and ASIC[C]// 26th International Conference on Field Programmable Logic and Applications（FPL），Lausanne，Switzerland，2016，8：2-29.

[151] ZHANG B，ZHAO C，MEI K，et al. Hierarchical and parallel pipelined heterogeneous SoC for embedded vision processing[J]. IEEE transactions on circuits and systems for video technology，2018，28（6）：1434-1444.

[152] MAGAKI I，KHAZRAEE M，GUTIERREZ L V，et al. Asic clouds：specializing the datacenter[C]// ACM/IEEE 43rd Annual International Symposium on Computer Architecture（ISCA），Jeju，South Korea，2016，10：25-28.

[153] TRUONG S N，VAN PHAM K，YANG W，et al. Live demonstration：memristor synaptic array with FPGA-implemented neurons for neuromorphic pattern recognition[C]// IEEE Asia Pacific Conference on Circuits and Systems（APCCAS）. Jeju，South Korea，2016，10：25-28.

[154] USMANI M A，KESHAVARZ S，MATTHEWS E，et al. Efficient PUF-Based key generation in FPGAs using Per-Device configuration[J]. IEEE transactions on very large scale integration（VLSI）systems，2018（99）：1-12.

[155] DICK C，HARRIS F. FPGA signal processing using sigma-delta modulation[J]. IEEE signal processing magazine，2000，17（1）：20-35.

[156] HEMAMALINI M. Review on grid task scheduling in distributed heterogeneous environment[J]. International journal of computer applications，2013，40（2）：24-30.

[157] PANDA S K. TBS：a threshold based scheduling in grid environment[C]// 3rd IEEE International Advance Computing Conference（IACC），Ghaziabad，India，2013，2：22-23.

[158] DONG F，LUO J，GAO L，et al. A grid task scheduling algorithm based on QoS priority grouping[C]// Fifth International Conference on Grid and Cooperative Computing（GCC'06），Hunan，China，2006，10：21-23.